지구물리학

# 지구물리학

1판 1쇄 인쇄 2022. 10. 5.
1판 1쇄 발행 2022. 10. 12.

지은이 윌리엄 로리
옮긴이 김희봉

발행인 고세규
편집 김태권 | 디자인 조은아 | 마케팅 신일희 | 홍보 장예림
발행처 김영사
등록 1979년 5월 17일(제406-2003-036호)
주소 경기도 파주시 문발로 197(문발동) 우편번호 10881
전화 마케팅부 031)955-3100, 편집부 031)955-3200 | 팩스 031)955-3111

값은 뒤표지에 있습니다.
ISBN 978-89-349-4249-8 04400
        978-89-349-9788-7 (세트)

홈페이지 www.gimmyoung.com          블로그 blog.naver.com/gybook
인스타그램 instagram.com/gimmyoung    이메일 bestbook@gimmyoung.com

좋은 독자가 좋은 책을 만듭니다.
김영사는 독자 여러분의 의견에 항상 귀 기울이고 있습니다.

Deep & Basic 6

윌리엄 로리 | 김희봉 옮김

# Geophysics
**William Lowrie**

# 지구물리학

우리가 사는 행성의
구조와 작동 방식

김영사

○

## 차례

1장 ── 지구물리학이란 무엇인가?       6

2장 ── 행성 지구       12

3장 ── 지진학과 지구의 내부 구조       33

4장 ── 지진 활동: 쉬지 않는 지구       66

5장 ── 중력과 지구의 모양       94

6장 ── 지열       125

7장 ── 지구 자기장       144

8장 ── 후기       172

감사의 말 177

그림 목록 178

더 읽을거리 182

찾아보기 184

○

# 1

## 지구물리학이란 무엇인가?

캐나다 북부의 광산촌은 잘 포장된 도로에서 멀리 떨어진 채 호수에 둘러싸여 있다. 인적이 드문 이 삼림 지대에서는 바퀴 대신에 플로트를 단 수상 비행기가 실질적인 교통수단 역할을 한다. 1961년 초여름 호수의 얼음이 녹은 뒤에, (물리학 박사학위를 갓 받았지만 앞으로 무얼 해야 할지 막막했던 스코틀랜드 젊은이였던) 나는 매니토바 북부에 있는 큰 호수에 수상 비행기를 타고 착륙했다. 가장 가까운 마을에서 80킬로미터 떨어진 곳이었다. 캐나다 원주민 다섯 사람과 요리사 한 사람이 나와 함께 비행기를 타고 왔고, 북쪽 지방의 짧은 여름 동안 내가 할 일은 숲 아래에 묻혀 있는 지질 구조 속에서 니켈 광맥을 찾는 것이었다. 이것이 나의 지구물리학 탐구의 시작이었다. 나는 이 일을 계기로 물리학자에서 지구물리학자로 경력을 바꾸었다. 나는 강의와 실험실

연구 외에도 흥미로운 지질학 문제를 해결하기 위해 해마다 세계의 저개발 지역으로 떠난다.

지구물리학Geophysics은 물리학의 방법을 사용하여 지구의 물리학적 성질 및 지금까지 일어났고 앞으로도 계속될 지구의 진화를 지배하는 과정을 탐구하는 지구과학 분야다. 지구물리학 연구는 광범위한 분야에 걸쳐 있으며, 지구 궤도 인공위성으로 관찰할 수 있는 지표의 변화에서부터 관찰할 수 없는 지구 심층부의 활동까지 아우른다. 지구의 성질은 복잡해서, 그 자연적 과정을 연구하기 위해서는 정교한 방법이 필요하다. 물리학 실험은 세심하게 통제되는 실험실 환경에서 이루어지지만, 지구물리학 연구는 자연이 만들어놓은 환경 속에서 수행해야 하며, 따라서 완전히 통제하기가 불가능하다. 이것은 지진학자들이 그렇게 엄청난 노력을 하는데도 아직까지 지진 예보가 불가능한 이유 중 하나다. 또 다른 어려운 문제는 시간 규모가 너무 길다는 것이다. 지질학적 과정의 모의 실험은 수천 년 동안 일어나는 과정을 짧은 실험적 시간 안에 계산해내야 한다.

지구에서 일어나는 과정의 시간 규모는 매우 광범위하다. 지진의 난폭한 요동도 여기에 속하는데, 이러한 요동은 지진의 크기에 따라 몇분의 1초쯤 지속된다. 그러나 대부분의 지질학적 과정은 매우 긴 시간에 걸쳐 느리게 진행된다. 예를 들어, 지구 자기장의 느린 변화(자기장 역전과 같은)는 수천 년에 걸쳐 일어나며, 판의 이동은 수천만 년에 걸쳐 일어난다. 그렇지만 이렇게 느린 시간의 과정도 바위에 흔적을 남기며, 지구물리학의 방법으로 이것을 분석하고 이해할 수 있다.

지구물리학은 흔히 물리학의 곁가지로 간주되지만, 19세기에 현대 물리학이 독립된 분야로 발전하기 오래전부터 철학자들이 관심을 가지던 주제들을 다룬다. 그전까지 물리학과 화학은 논리적이고 정량적인 방법으로 자연을 연구하는 '자연철학'에 속해 있었다. 16세기에 니콜라우스 코페르니쿠스Nicolaus Copernicus가 태양계의 태양 중심 체계를 공식화하기 전까지는 전통적으로 태양과 행성들이 지구 주위를 돈다고 믿었지만, 코페르니쿠스의 체계에서는 행성들이 태양 주위를 돈다고 설명했고, 이를 계기로 과학혁명이 시작되었다. 혁명은 17세기에도 이어졌고, 요하네스 케플러Johannes Kepler, 갈릴레오 갈릴레이Galileo Galilei, 윌리엄 길버트William Gilbert, 아이작 뉴턴Isaac Newton 같은 과학자들이 자연에 대한 관찰을 바탕으로 근본 법칙들을 유도하는 토대를 만들었다. 그들은 각각 행성의 운행, 천문학, 지구 자기장, 중력을 연구했고, 이 연구들은 물리적 세계의 지식을 이끌었다. 지구물리학의 주요 분야들은 여전히 지구의 중력과 자기장을 중요하게 다룬다. 20세기에 지진학이 발전하면서 지구 내부 구조와 조성을 연구할 수 있게 되었다. 측정을 통해 여러 지역의 지구 표면 열류량heat flow이 알려졌고,

이 지식들 덕에 지구 내부의 동역학을 더 잘 이해할 수 있게 되었다.

1960년대에는 지구 전체에 대한 지진학과 해양지구물리학 탐사에서 축적된 데이터를 바탕으로 판구조론이 나왔다. 이 이론은 대류의 이동과 활성 지각에 대한 설명과 함께 지구의 구조와 진화에 대한 설명을 제공했다. 이것은 지구 표면의 이동에 대한 이해에 혁명을 가져왔다. 때마침 디지털 전자공학이 발전하여 계산 능력이 크게 향상되었고, 지질학적 과정에 대한 정교한 데이터 처리와 컴퓨터 모형 연구가 가능해졌다. 여러 분야의 다른 기술들도 크게 발전하면서 인공위성이 수집한 지형, 중력, 자기장과 같은 방대한 양의 지구물리학적 데이터를 얻고, 저장하고, 접근할 수 있게 되었다.

우주에서 지구의 물리학적 성질을 측정할 수 있게 되자 측지학geodesy(지구의 형태와 중력장을 연구하는 학문)이 비약적으로 발전했고, 지구의 중력으로 더 많은 것을 알아낼 수 있게 되었다. 중력은 지구의 모양에 따라 결정되며, 위치와 고도에 따라 달라지므로 둘 다 정밀하게 알아야 한다. 역사적으로, 측지학에서는 지구의 모양을 지도로 기록하고 장소들의 거리와 해발 고도를 알아내기 위해 엄청나게 힘든 측정을 해야 했다. 그러나 지구의 많은 부분은 사람이 직접 측정할 수 없는 지역이다(예를 들어, 70퍼센트가 바다로 덮여 있다). 우주 측지학은 짧은 시간 동안에 지구 전체에 걸쳐 우수한 데이터를 공급함으로써 이러한 문제를 해결했다. 우주 측지학의 데이터 중에서 가장 친숙한 것은 수백만 대의 휴대용 항법 장치에 사용되는 범지구위치결정시스템Global Positioning System(GPS)이 제공하는 데이터다. 과학에 사용하는 GPS 장치는 네트워크에 연결되어 연속적으로 데이터를 기록하기 때문에, 지구 표면이 1밀리미터만 움직여도 알아낼 수 있다. 빙하에 덮여 있다가 노출된 지역에서 일어나는 융기와 판 경계의 수평 이동은 1년에 몇 밀리미터에서 몇 센티미터쯤의 속도를 보이는데, 이러한 운동도 GPS 측정으로 알아낼 수 있다.

지구물리학에서 가장 잘 알려진 분야는 지진학seismology이다. 지진은 인류가 마주치는 가장 큰 재난이지만, 이런 재난에서 생겨난 지진파가 어떻게 지구를 지나가는지 연구하는 과정에서 핵, 맨틀, 지각의 동심 구조가 밝혀졌다. 지진계seismometer(지진의 진동을 기록하는 장치)는 19세기에 발명되었다. 처음의 지진계는 땅의 진동의 넓은 스펙트럼에서 일부만을 기록할 수 있었다. 이후 냉전 시기에 핵실험 금지 조약을 감독하는 과정에서 지진계의 발전이 필요해졌다. 핵실험을 감시하기 위해 소규모 핵실험과 작은 지진을 구별할 수 있어야 했던 것이다. 기술이 발전함에 따라 마침내 지진의 스펙트럼 전체를 기록할 수 있는 지진계가 개발되었다. 이러한 '광대역' 지진계를 사용하게 되자 지진이 일어난 위치를 찾아내고 관측하고 측정하는 정밀도가 개선되었다. 강력한 컴퓨터가 나오고 데이터 처리 기술이 발전하면서 지진을 더 잘 이해할 수 있게 되었고, 지진 관측소들로 이루어진 지구 전체의 지진 관측망이 만들어졌다. 최신 지진계는 매우 민감해서 지진기록seismogram에 나타난 잡음이 많이 섞인 배경 신호로도 지각과 상부 맨틀에 대한 정보를 알아낼 수 있다.

　석유와 광물 자원을 탐사하는 상업 회사들은 여러 가지 지구물리학적 방법을 특수한 목적으로 사용하고 개선했다. 이들의 노력은 측정 장치, 데이터 처리, 분석 방법의 개선에 기여하여 지구물리학을 매우 풍요롭게 했다. 산업 연구에서 온 몇몇 지구물리학 기법들은 환경 문제를 기록하고 개선하는 일에도 사용되는데, 이 기법들은 주로 지표 아래의 얕은 층에서 일어나는 문제를 다룬다. 이 책에서는 응용지구물리학과 환경지구물리학을 자세히 다루지 않겠지만, 이 분야들도 그 자체로 매우 중요한 주제이며 별도로 진지하게 살펴볼 필요가 있다. 이 책에서는 지구라는 행성과 그 작동 방식을 이해하는 데 기여한 지구물리학의 중요한 방법들을 전반적으로 살펴본다.

# 2
## 행성 지구

## 물리 법칙들

우주에서 찍은 지구의 야경은 도시화의 효과를 생생하게 보여
준다. 밝게 빛나는 부분은 어두운 배경에서 두드러지지만, 한때
는 지구 전체가 어두운 배경이었다. 인공조명이 없는 캄캄한 밤
하늘은 경이로운 느낌을 불러일으킨다. 아마 태곳적부터 조상
들을 매료시켰을 것이다. 수천 년 전에 중국의 천문학자들이 해
와 달의 반복되는 운동으로부터 한 해와 한 달을 정의했다. 별
들은 겉보기에 항상 일정한 자리에 있는 것 같았지만, 천문학자
들은 오래전부터 어떤 별들은 이 배경 속에서 이동한다는 것을
알았다. '행성planet'이라는 단어는 고대 그리스어의 '떠돌이별'
이라는 말에서 나왔다. 수성, 금성, 화성, 목성, 토성은 맨눈으로

도 보인다. 천왕성은 맨눈에 매우 희미하게 보이지만, 1781년에 망원경에 의해 최초로 확인되었다. 천문학자들은 오랜 옛날부터 행성들의 이동을 관측하고 기록했다. 그들은 행성들의 이동이 체계적이고 근본적인 법칙을 따른다는 것을 깨달았다.

두 가지 중요한 물리 법칙이 행성으로서 지구의 거동, 그리고 태양 및 다른 행성들과의 관계를 결정한다. 첫째, 외부로부터 에너지 공급이나 손실이 없는 고립된 계의 전체 에너지는 상수다. 이것을 에너지 보존법칙이라고 부른다. 이것은, 에너지는 생성되거나 파괴되지 않으며, 다만 한 가지 형태에서 다른 형태로 바뀔 수만 있다는 뜻이다. 예를 들어 석탄을 태우면 열이 생성되며(화학적 변화), 이것으로 물을 끓여 증기로 만들 수 있다(상태의 변화). 증기로 터빈을 돌릴 수 있고, 따라서 열에너지를 운동에너지로 바꿔서 마지막에는 전기를 일으킬 수 있다.

두 번째 법칙은 각운동량angular momentum 보존법칙이다. 직선으로 이동하는 물체의 운동량은 질량 곱하기 속도로 정의된다. 물체가 회전할 때는, 회전속도뿐만 아니라 회전축에 대해 질량이 분포하는 양상에 의해 그 물체의 각운동량이 결정된다. 질량이 점에 몰려 있을 때는, 직선 운동에서의 운동량(이것을 선운동량이라고 한다)과 회전축까지의 거리의 곱이 각운동량이 된다. 부피가 있는 물체의 경우, 그 물체를 구성하는 작은 입자들의 각운동량을 모두 더한 것이 물체 전체의 각운동량이 된다.

고립된 계의 각운동량은 일정하다. 그렇다고 해도 회전속도는 변할 수 있다. 예를 들어, 질량을 가진 물체가 회전축으로부터 멀어지거나 가까워지면 회전속도도 따라서 변한다. 가장 잘 알려진 예가 피겨 스케이팅의 피루엣pirouette이다. 머리를 축으로 회전하던 스케이트 선수가 뻗고 있던 팔을 안으로 오므리면, 각운동량이 보존되어야 하기 때문에 회전속도가 빨라진다.

## 태양계

'빅뱅' 모형에 따르면, 우주는 138억 년 전에 고온과 매우 집중된 에너지로 요약되는 상태에서 태어났다. 이 에너지는 급격히 주위 공간으로 팽창했고, 밀도와 온도가 급격히 낮아졌다. 최초의 1초 동안 아원자 입자들과 관련된 개별적인 과정들이 차례로 일어났다. 빅뱅이 일어난 지 겨우 몇 분 만에 수소와 헬륨 핵이 생겨났고, 이 원소들은 각각 현재 알려진 우주의 73퍼센트와 25퍼센트를 차지한다. 나머지 2퍼센트는 헬륨보다 무거운 원소들이다. 이 이론은 태양계와 특히 지구가 어떻게 생겨났는지 이해하기 위한 바탕을 제공한다.

태양은 45억 년 전에 분자 형태의 수소와 1밀리미터 미만의 성간 먼지로 이루어진 방대한 구름이 뭉쳐 만들어졌고, 이때 행성들도 함께 생겨났다. 중력에 의해 입자들이 질량 중심으로 끌려 들어가서 마침내 별, 즉 태양이 되었다. 뭉쳐질 때 입자들이 정확히 중심을 향하기는 어렵기 때문에, 전체적으로 회전이 일어난다. 먼지들이 안쪽으로 끌려 들어감에 따라, 회전축으로부터의 거리가 줄어들면서 각운동량 보존법칙에 의해 먼지들의 회전속도가 빨라진다. 회전하는 기체와 먼지의 혼합물이 납작해져서, 새로 형성된 태양을 축으로 하는 원반이 형성된다. 물질들이 어지럽게 떠도는 과정에서는 입자들이 서로 충돌할 수밖에 없다. 이때 입자들이 서로 뭉쳐 큰 덩어리가 된다. 이것이 결국 몇 킬로미터 규모의 미행성체planetesimal가 되고, 점점 더 크게 뭉쳐 원시행성protoplanet이 된다. 이때 형성된 원시행성은 지름이 수백 킬로미터 정도로, 화성의 달과 비슷할 정도였을 것으로 추정된다. 원시행성들이 서로의 중력에 끌려 충돌을 일으키다가, 마침내 행성이 만들어졌다고 생각된다. 지구가 만들어지고 얼마 지나지 않아서 화성과 비슷한 크기의 가설적인 행성과 충돌했고, 파편들이 지구 주변을 선회하는 고리를 이루다가, 지구의 유일한 자연 위성인 달이 되었다는 이론이 제안되었다.

지구는 자체의 중력에 의해 점점 다져지면서 작아졌는데, 이때 열이 방출된다. 방사성 붕괴에 의한 열까지 가세해서, 마침내 내부 온도가 철이 녹는 온도까지 올라갔다. 중력에 의해 무거운 원소들(주로 철과 니켈)이 중심부로 모여서 밀도가 높은 핵이 되었고, 가벼운 원소들은 위로 올라가서 핵을 감싸는 규산염 맨틀이 되었다. 화학적으로 다른 성질을 가진 얇은 지각이 나중에 맨틀 표면에 형성되었고, 여러 번 바뀌었을 것이다. 이렇게 지구는 달걀 반숙과 비슷한 여러 층의 구조를 갖게 되었다. 굳은 맨틀을 감싸는 얇고 단단한 껍질이 있고, 내부에 액체 상태의 핵이 있다. 다른 행성들과 그 위성들도 내부 구조가 여러 층을 이룬다는 것이 알려졌지만, 지구만큼 뚜렷한 형태는 아니다.

태양으로부터 행성까지의 거리(표 1)에는 놀라운 규칙성이 있다. 화성과 목성 사이의 소행성대asteroid belt를 포함하면, 각각의 궤도는 가장 가까운 이웃 행성까지의 궤도 반지름의 대략 두 배다. 이 규칙성이 우연으로 이루어졌을 것 같지 않지만, 만족할 만한 물리학적 설명은 아직 나오지 않았다. 태양계에 대한 또 다른 수수께끼는 질량과 각운동량의 분포가 균일하지 않다는 것이다. 태양은 태양계 질량의 99퍼센트를 차지하지만, 각운동량의 99퍼센트는 행성의 운동이 차지하고 있다. 모든 행성의 각운동량을 결합하면 하나의 평면이 정의되는데, 이것을 태양계의 불변면invariable plane이라고 한다. 이것은 한때 원시행성의 원반, 즉 태양계로 진화한 기체와 먼지로 이루어진 회전하는 원반이었을 것이다.

태양 주위를 도는 여덟 천체는 현재 행성으로 인정받고 있다. 이것들은 크기, 조성, 태양으로부터의 거리를 기준으로 두 가지

표 1    행성들의 궤도 크기

| 행성 | 천문단위(AU) | 이심률 | 공전 주기(년) |
|---|---|---|---|
| **지구형 행성과 달** | | | |
| 수성 | 0.383 | 0.206 | 0.241 |
| 금성 | 0.723 | 0.0067 | 0.615 |
| 지구 | 1.000 | 0.0167 | 1.000 |
| 달 | 0.00257 | 0.0549 | 0.0748 |
| 화성 | 1.52 | 0.0935 | 1.88 |
| **거대 행성** | | | |
| 목성 | 5.20 | 0.0489 | 11.9 |
| 토성 | 9.57 | 0.0565 | 29.5 |
| 천왕성 | 19.2 | 0.0457 | 84.0 |
| 해왕성 | 30.0 | 0.0113 | 165 |
| **왜행성** | | | |
| 명왕성 | 38.9 | 0.249 | 248 |

천문단위astronomical unit(AU)는 1억 4959만 7870킬로미터이며, 대략 지구 공전 궤도의 반지름과 같다. 즉 지구에서 태양까지의 거리다. 더 자세한 정보는 다음 참조: http://nssdc.gsfc.nasa.gov/planetary/

범주로 나뉜다. 거리는 편리하게 천문단위(AU)로 측정하는데, 이것은 대략 태양을 도는 지구 궤도의 반지름이다. 내행성 혹은 지구형 행성(수성, 금성, 지구, 화성)은 태양에 가깝고 암석과 금속으로 이루어져 있다. 이 행성들은 고리가 없고, 위성은 많지 않고 크기가 작다. 외행성 혹은 거대 행성(목성, 토성, 천왕성, 해왕성)은 태양계로부터 멀리 떨어진 우주의 추운 부분에서 형성되었다. 목성과 토성은 거대한 기체 덩어리로, 90퍼센트 이상의 질

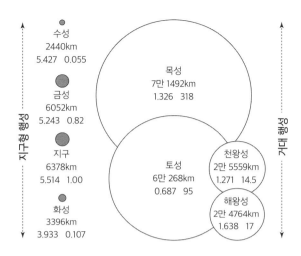

지구형 행성

수성
2440km
5.427  0.055

금성
6052km
5.243  0.82

지구
6378km
5.514  1.00

화성
3396km
3.933  0.107

목성
7만 1492km
1.326  318

토성
6만 268km
0.687  95

천왕성
2만 5559km
1.271  14.5

해왕성
2만 4764km
1.638  17

거대 행성

**그림 1** 행성들의 상대적인 크기. 행성 이름 아래의 첫 번째 수는 적도 반지름, 두 번째는 물을 기준으로 한 평균 밀도, 세 번째는 지구를 기준으로 한 질량이다.

량이 수소와 헬륨으로 이루어져 있다. 대기는 암모니아와 물을 함유하며, 수소 금속으로 이루어진 핵이 있다. 천왕성과 해왕성 은 거대한 얼음 행성이다. 이 행성들은 20퍼센트만 수소와 헬륨 으로 이루어져 있고, 기체 상태의 대기 아래는 물, 메탄, 암모니 아의 얼음으로 이루어져 있다. 거대 행성들은 여러 개의 위성과 먼지의 고리로 둘러싸여 있다. 화성과 목성 사이에는 소행성대 가 있는데, 지구와 비슷한 조성을 가진 수많은 물체로 이루어져 있다. 가장 작은 것은 먼지 알갱이이고, 가장 큰 것 네 개는 지름이 수백 킬로미터이며, 소행성이라고 부른다. 가장 큰 소행성인 세레스Ceres는 지름이 950킬로미터이고, 왜행성dwarf planet으로 분류된다. 모든 행성은 약간 찌부러진 타원 궤도를 도는데, 궤도면은 지구 궤도면(황도라고 부른다)에서 몇 도 범위 안에 있다. 황도는 불변면에서 겨우 1도쯤 기울어져 있고, 태양계의 기준면으로 사용된다.

셀 수 없이 많은 물체가 태양 주위의 궤도를 돌고 있다. 이 물체들은 해왕성 바깥쪽에 있고, 통틀어 해왕성바깥물체Trans-Neptunian objects(TNO)라고 부른다. 그중 수천 개는 얼음으로 이루어진 미행성체와 소행성이며, 카이퍼벨트Kuiper belt라고 부르는 원반 형태의 영역을 형성한다. 카이퍼벨트는 황도면에 가깝게 태양으로부터 30AU에서 50AU에 걸쳐 있다. 해왕성바깥물체들 중에서 가장 잘 알려진 것은 명왕성이다. 오랫동안 태양에서 가장 먼 행성으로 알려졌지만, 크기가 작아서 왜행성으로 격하되었다. 명왕성은 달보다 작고 수성 질량의 겨우 4퍼센트이며, 행성으로 인식된 물체 중에서 가장 작다.


## 케플러의 행성 운동 법칙

중력은 물리학에서 가장 근본적인 힘 중 하나다. 중력은 두 물체 사이에서 끌어당기는 힘이다. 이 힘의 크기는 두 물체의 질량에 비례하고 거리의 제곱에 반비례하며, 그 외의 다른 어떤 것에도 영향을 받지 않는다. 이것이 바로 뉴턴이 1687년에 발표한 보편 중력의 법칙이다. 질량의 끌어당기는 힘이 닿는 공간을 중력장gravitational field이라고 부른다.

16세기 후반에, 천문학자 튀코 브라헤Tycho Brahe는 고전 그리스 시대부터 사용되던 고대의 천문 관측 기구인 아스트롤라베astrolabe를 사용해서 행성들의 위치를 정밀하게 측정했다. 브라헤의 측정은 망원경이 발명되기 전에 이루어졌지만 매우 정밀했고, 요하네스 케플러는 이를 바탕으로 1609년과 1619년에 행성 운동의 세 가지 법칙을 밝혀냈다(그림 2). 이 법칙들은 다음과 같다. (1) 각 행성의 궤도는 태양을 한 초점으로 하는 타원이다. (2) 태양과 행성을 잇는 반지름은 같은 시간 간격 동안에 같은 넓이를 쓸고 지나간다. (3) 공전 주기의 제곱은 궤도의 긴 반지름의 세제곱에 비례한다. 반지름이 일정한 원과 달리, 타원의 모양은 가장 짧은 축과 가장 긴 축으로 정의된다. 타원이 원으로부터 얼마나 크게 벗어났는지는 이심률로 알 수 있다. 정의에 따라 원의 이심률은 0이다. 이심률이 증가하면 타원은 점점 길어진다. 수성 궤도(이심률이 0.2)를 제외하면, 행성들은 거의 원 궤도를 돈다.

태양 주위를 도는 행성의 운동은 단순하게, 외부의 영향이 없

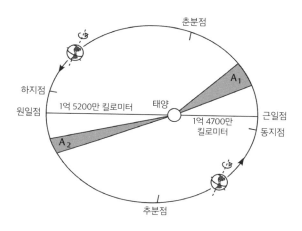

춘분점

하지점
원일점

1억 5200만 킬로미터    태양

$A_1$

근일점
동지점

1억 4700만
킬로미터

$A_2$

추분점

**그림 2**  지구 타원 궤도의 모식도. 북반구에서 본 원일점, 근일점, 분점, 지점을 표시했다.

는 닫힌계로 볼 수 있다. 사실 다른 행성들이 서로의 운동에 영향을 주지만, 태양의 영향에 비하면 미미하다. 각각의 행성은 태양의 중력으로 궤도를 돌며, 중력은 궤도의 반지름 방향으로 작용한다. 중심을 향하는 힘에 의해 행성의 각운동량(태양을 중심으로 하는)이 일정하게 된다. 그 결과, 행성의 궤도는 태양을 지나는 평면 위에 놓인다. 이 평면에서 행성의 궤도 운동은 에너지 보존법칙을 따른다. 이 운동에서는 두 가지 유형의 에너지가 관련된다. 하나는 중력의 끌어당기는 힘으로 행성을 태양에 잡아놓는 에너지이며, 퍼텐셜 에너지라고 부른다. 다른 하나는 행성의 속력에 관련된 것이며, 운동에너지라고 부른다. 행성이 매우 빠르게 달려서 운동에너지가 퍼텐셜 에너지보다 더 크면, 행성은 쌍곡선이라고 부르는 궤적을 따라 태양계를 탈출한다. 퍼텐셜 에너지가 더 크면 행성은 궤도를 벗어나지 못하며, 행성을 태양에 묶어놓는 힘(중력)이 거리의 제곱에 반비례하면, 궤도는 태양을 한 초점으로 하는 타원 모양이 된다. 이것이 케플러의 첫 번째 법칙이다.

지구는 살짝 찌부러진 궤도를 돌고 있으며, 태양에 가장 가까울 때는 1억 4700만 킬로미터, 태양에서 가장 멀리 있을 때는 1억 5200만 킬로미터 떨어져 있다. 궤도에서 지구가 태양에 가장 가까운 점을 근일점이라고 부르고, 가장 멀리 있는 점을 원일점이라고 부른다(그림 2). 근일점은 매년 1월 3일쯤에 지나가고, 원일점은 7월 3일쯤에 지나간다. 타원의 장축을 따라 가장 먼 점과 가장 가까운 점을 잇는 선분을 원근점선이라고 부른다.

케플러의 두 번째 법칙은 태양을 축으로 하는 행성의 각운동량 보존법칙을 따른다. 이 법칙에 의해 같은 시간 동안에 반지름 벡터가 같은 넓이를 쓸고 지나가게 된다(그림 2의 $A_1$과 $A_2$). 결과적으로 행성의 속력은 궤도를 돌면서 변하며, 근일점에서 빨라지고 원일점에서 느려진다. 케플러의 세 번째 법칙은 행성 운동의 주기와 타원의 방정식(첫 번째 법칙)을 결합해서 나온다. 1687년에 뉴턴은 자신의 역제곱 보편중력법칙이 케플러의 첫 번째 법칙과 두 번째 법칙에 의해 확인됨을 보여주었다.

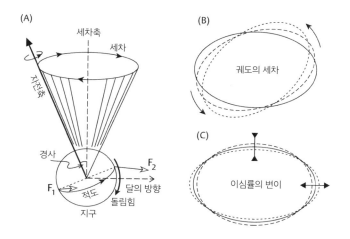

(A)

세차축

세차

자전축

경사

$F_2$

$F_1$

적도

달의 방향

돌림힘

지구

(B)

궤도의 세차

(C)

이심률의 변이

**그림 3**　(A) 달의 돌림힘으로 적도가 부풀어오르기 때문에 생기는 지구 자전축의 세차. (B) 항성 기준계에 대한 지구 궤도 장축의 세차. (C) 궤도 이심률 변이. 그림의 가로세로 비율은 과장되어 있다.

　지구는 황도면에 대해 기울어져 있는 극을 중심으로 자전한다. 축의 기울어짐을 황도 경사obliquity of the ecliptic라고 부른다(그림 3A). 현재의 지축 기울기는 23.44도지만 다른 행성들의 영향으로 4만 1000년 주기로 천천히 변한다. 이 경사 때문에 계절의 변화가 생긴다. 지구가 공전하면서 두 반구가 태양을 향하는 각도가 달라지기 때문에 낮의 길이가 달라진다. 지구가 근일점에 오기 직전에 북반구가 태양에서 멀리 기울어지고, 12월 21일 동지에 하루가 가장 짧아진다. 여섯 달 뒤에 북반구는 태양 쪽으로 기울어, 6월 21일 하지에 낮이 가장 길어진다. 동지점과 하지점을 잇는 선분을 지점선line of solstices이라고 부른다. 1년에 두 번씩 자전축이 태양을 향하는 반지름과 직각을 이루는데, 3월 21일과 9월 23일 근처에서 낮과 밤의 길이가 같아진다. 이 위치들을 춘분점과 추분점이라고 부르고, 이것을 잇는 선분을 분점선line of equinoxes이라고 부른다. 축의 경사는 남반구와 북반구에서 여섯 달 차이로 달라지는 계절의 원인이다. 남반구의 여름은 근일점 근처에 있을 때이고, 따라서 남반구의 여름은 북반구의 여름보다 더워야 한다. 마찬가지로 남반구의 겨울은 원일점 근처이므로 더 추워야 한다. 그러나 남반구에는 해양이 더 많고, 북반구에는 육지가 더 많다. 바다는 육지의 표면보다 천천히 데워지고 천천히 식으며, 따라서 남반구의 기후가 더 온화하다.

## 챈들러 요동

지구는 강체가 아니기 때문에 변형력에 대해서 탄성적으로 반응한다. 지구의 이상적인 모양은 구형이겠지만, 자전에 의한 원심력 때문에 자전축 주위로 조금 편평해지며, 따라서 적도의 지름이 극의 지름보다 길다. 조금 편평해진 구면을 편구면oblate spheroid이라고 부르는데, 편평해지는 정도는 아주 작아서 300분의 1 정도지만, 지구가 회전하는 방식에 영향을 준다.

예를 들어 지구 자전축의 위치를 조금 바꾼 뒤 자유롭게 회전하도록 두면, 평균 위치 주위에서 끄덕거리게 될 것이다. 회전하는 팽이를 건드렸을 때 끄덕거리는 것과 마찬가지다. 지구 내부의 질량이 불균일하게 분포하기 때문에 일어나는 이 운동을 자유 장동free nutation 또는 '끄덕질nodding motion'이라고 부른다. 지구 자전축의 평균 방향은 일정하지만, 어느 순간 평균 방향에서 살짝 벗어날 수 있다. 축이 평균 자전축 방향에서 몇 미터쯤 이동하는 것이다. 자유 장동은 1765년에 수학자 레온하르트 오일러Leonhard Euler가 설명한 바 있지만, 1891년이 되어서야 미국의 천문학자 세스 챈들러Seth Chandler에 의해 탐지되었다. 오일러는 약 10개월 주기의 운동을 예측했지만, 관찰된 주기는 14개월이었다. 지구의 탄성 때문에 주기가 40퍼센트쯤 증가하는데, 순간적인 축의 이동이 탄성 변형에 의해 조금 완화되는 것이다. 오일러 모형은 지구가 강체라고 가정한다. 챈들러 요동chandler wobble을 촉발하는 메커니즘, 즉 무엇이 지구를 밀치는지에 대해서는 아직 결론이 나지 않았다. 제안된 원인으로는 거대한 지진, 대기 요동, 대양 순환에 따른 대양저의 압력 변화 등이 있다.

챈들러 요동은 초장기선 간섭관측계Very Long Baseline Interferometry(VLBI)로 정밀하게 측정할 수 있다. 이 기술은 전파천문학에서 사용되는 것으로, 다음과 같이 측지학의 목적에 적용되었다. 우리 은하 바깥에 있는 전파원(예를 들어 퀘이사)은 매우 안정된 좌표계를 제공하므로, 이를 기준으로 지구에서 일어나는 운동을 측정할 수 있다. 외계의 전파 신호는 지구의 여러 곳에 설치한 거대한 전파망원경들의 결합으로 측정한다. 개별 망원경에 탐지된 반복되는 신호의 시간 차이를 분석하면 지구의 방향과 회전속도를 엄청난 정밀도로 얻을 수 있다. 초장기선 간섭관측계 데이터는 챈들러 요동을 센티미터의 정밀도로 추적할 수 있고, 0.1밀리초보다 더 정밀하게 회전 주기를 알아낼 수 있다. 이것으로 하루의 길이 변화를 정밀하게 알 수 있고, 여기에 영향을 주는 요인들, 예를 들어 바다의 조석, 대기의 각운동량 변화, 지구 내부로 전파되는 지각 조석bodily tide이 미치는 효과를 확인할 수 있다.


## 달과 목성이 지구 자전에 주는 영향

달의 중력은 지구 자전축의 방향에 영향을 준다. 지축이 기울어 있기 때문에, 지구의 적도 융기equatorial bulge는 달의 공전 궤도면 아래로 불룩 내밀고, 반대편에서는 궤도면 위로 불룩 내민 모양이 된다. 중력은 거리의 제곱에 반비례하므로, 달의 중력은 가까운 쪽에 강하게 작용하고 먼 쪽에서는 약하게 작용한다. 이것 때문에 돌림힘 또는 회전력이 생겨나고, 이 힘은 자전축을 바로 세우려고, 다시 말해 황도면에 수직이 되게 하려고 한다(그림 3A). 그러나 돌림힘이 회전하는 물체에 작용하면, 자전축이 움직이지만 기울어진 각도(이 경우에는 황도 경사와 같다)는 유지하게 된다. 이 운동을 세차precession라고 부른다. 황도에서 볼 때 지구는 시계 반대 방향으로 회전하지만, 세차의 방향은 시계 방향이다. 세차는 지구의 회전 방향과 반대이기 때문에, 역행한다고 말한다. 태양의 중력도 적도 융기를 끌어당겨서 역행하는 세차를 일으킨다. 태양은 달보다 훨씬 무겁지만, 지구에서 훨씬 멀리 떨어져 있기 때문에 세차에 미치는 영향은 달의 반쯤 된다. 두 가지가 합쳐진 세차가 분점의 세차로 알려져 있고, 주기는 약 2만 5800년이다.

반대로 지구도 달에 돌림힘을 가하며, 이로 인해 지구를 도는 달 궤도에 18.6년 주기의 세차를 일으킨다. 이것은 다시 지구 회전축의 태음태양lunisolar 세차에 작은 강제 장동을 일으켜 진폭의 변이를 가져온다. 이로 인해 지축의 각도에 달 궤도 세차 주기와 같은 18.6년 주기의 요동(가장 클 때 9초가량의 각도로)이 일어난다. 그러나 이 효과는 태음태양 세차의 주요 성분에 비하면 무시할 만한 정도다.

다른 행성들의 중력(특히 목성의 질량은 다른 행성들을 모두 더한 것보다 2.5배 크다)도 지구 궤도 회전에 장기적으로 복잡한 양상으로 영향을 준다. 행성들은 궤도의 모양, 크기, 주기가 다양하다. 행성들의 중력은 지구 궤도에 여러 가지 진동수의 요동을 일으키는데, 그중 몇 가지는 다른 것들보다 더 중요하다. 한 가지 중요한 효과는 경사에 대한 것이다. 지축의 기울기는 리드미컬하게 4만 1000년 주기로 최소 22.1도에서 최대 24.5도까지 변한다. 다른 행성들에 의한 또 다른 중력의 영향은 타원 궤도의 방향이 항성들을 기준으로 바뀐다는 것이다(그림 3B). 원근점선(타원의 장축)은 황도의 극 주위를 순행 방향(다시 말해 지구가 회전하는 방향)을 따라 10만 년 주기로 세차 운동을 한다. 이것은 행성 세차planetary precession라고 알려져 있다. 또한, 궤도의 모양도 시간에 따라 변한다(그림 3C). 이심률은 0.005(거의 원)에서 최대 0.058까지 주기적으로 변하며, 현재는 0.0167이다(표 1). 이심률 요동의 지배적인 주기는 4만 5000년이며, 여기에 행성 세차와 비슷한 10만 년 주기의 추가적인 요동이 중첩된다.


## 기후 변이의 밀란코비치 주기

지구 표면이 받는 단위 넓이당 태양 에너지의 양을 일사량

insolation이라고 부른다. 이것은 내리쬐는 햇볕의 양을 알 수 있는 대기 상층부에서 계산할 수 있다. 대기가 투명하다면, 지구 표면의 일사량은 오로지 지구와 태양의 거리와 지표면이 태양을 향하는 방향에만 연관될 것이다. 이 요인들은 지구가 공전 궤도를 도는 1년 동안 변한다. 지구와 태양의 거리가 변하고, 지축은 태양 쪽으로 기울어 있다가 반대쪽으로 기울어서, 계절 변화를 일으킨다.

지구의 회전과 궤도 변수들의 장기간 요동은 일사량에 영향을 주는데(그림 4), 이것이 기후 변화를 일으킨다. 황도 경사가 가장 작을 때, 지축은 황도면에 대해 현재보다 더 똑바르게 선다. 이렇게 되면 계절의 차이가 작아지고 극 지방과 적도 지방의 차이도 줄어든다. 반대로 축이 크게 기울어지면 모든 위도에서 여름과 겨울의 차이가 커진다. 그러므로 황도 경사의 순환에 따라 지구의 모든 점에서의 일사량이 변한다. 일사량은 축의 세차에 의해서도 변한다. 현재 북극은 근일점에 있을 때 태양에서 멀어지는 쪽으로 기울어져 있다. 세차 주기의 반이 지난 다음에는 이 축이 원일점에 있을 때 태양에서 멀어지는 쪽이 될 것이다. 이것은 일사량의 변화를 일으키고, 세차 주기와 같은 주기의 기후 변화를 일으킨다. 궤도 이심률 변이의 순환은 근일점과 원일점에서 지구-태양 거리를 변화시키며, 그에 따라 일사량도 변한다. 궤도가 원에 가까우면 일사량의 근일점-원일점 차이가

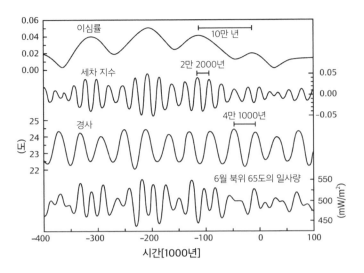

**그림 4** 40만 년 전부터 10만 년 후까지의 이심률, 세차 지수, 경사의 순환적 변이와 그에
따른 일사량 요동. 시간은 수평축으로 왼쪽에서 오른쪽으로 진행한다.


가장 작아지지만, 궤도가 더 길어지면 이 차이가 커진다. 이런
방식으로 이심률 변화가 장기간의 기후 변이를 일으킨다.
1920년대와 1930년대에 이 현상을 체계적으로 연구한 세르비
아의 천문학자 밀루틴 밀란코비치Milutin Milankovitch의 이름을
따서, 궤도 변이에 따른 주기적인 기후 변화를 밀란코비치 주
기Milankovitch cycle라 부른다.

　기후가 주기적으로 변해왔다는 증거는 퇴적물의 지질학적 기

록과 극지방의 빙하에서 채취한 긴 얼음 코어에서도 발견되었다. 암석의 풍화와 침식에 의해 만들어진 광물 알갱이들은 호수와 바다로 운반되어 퇴적물을 형성한다. 퇴적물의 다른 원천은 해양 생물 껍데기의 축적과 광물질의 화학적인 침전이다. 이러한 퇴적 과정은 강우와 온도에 영향을 받으며, 따라서 기후 변화에 반응한다. 퇴적은 수천 년에 걸쳐 천천히 일어나며, 그동안 밀란코비치 주기가 퇴적물의 화학적 성질과 물리적 성질로 기록된다. 깊은 바다에서 수백만 년에 걸쳐 쌓인 해양 퇴적물의 순서를 분석함으로써 여러 가지 물리적 성질, 즉 퇴적 두께, 색깔, 동위원소의 비율, 자화율magnetic susceptibility과 같은 성질들이 순환적으로 변한다는 것이 알려졌다.

극지방의 빙하에 얼음이 축적될 때, 얼음은 대기 중에서 산소를 흡수한다. 극지방에서 채취한 얼음 코어의 산소 동위원소 연구에서 기후에 관련된 중요한 기록이 나왔다. 동위원소는 핵 속에 들어 있는, 중성자 수만 다르고 다른 면에서는 똑같은 원소다. 산소의 가장 흔한 동위원소 두 가지의 중성자 수는 각각 16과 18이다. 물속에 들어 있는 이 동위원소들의 함량은 온도에 의존한다. 긴 얼음 코어의 산소 동위원소 기록에서 밀란코비치 주기가 나타나는데, 이는 기후 변화의 중요한 증거로 언급된다. 일반적으로 이를 궤도 강제orbital forcing라고 하는데, 지구 궤도와 축의 기울기가 장기간에 걸쳐 변하기 때문에 일어난다.

기후에 대한 중요성을 제외하고도, 퇴적물에서 나타나는 밀란코비치 주기의 패턴은 퇴적물의 형성 연대를 더 정확하게 알려준다. 퇴적물의 퇴적 순서는 매우 넓은 간격으로 드물게만 알려져 있는데, 예를 들어 방사성동위원소 연대측정법으로 연대를 알아낼 수 있다. 연대가 알려진 이러한 기준점들 사이에 동물의 멸종이나 지자기 역전과 같은 연대를 알 수 없는 증거들이 들어 있고, 이것들은 불규칙한 간격으로 나타난다. 퇴적물의 물리적 성질이 주기적으로 변한다는 점을 이용해, 이미 연대를 알고 있는 퇴적 기록 사이에 낀 고생물학적·지자기적 사건의 연대를 알아낼 수 있다.

○

**3**

# 지진학과 지구의 내부 구조

## 탄성 변형

지진학은 지구의 구조를 이해하는 가장 강력한 도구다. 지진학은 지구가 어떻게 진동하는지에 관심을 가진다. 기타 줄을 뜯으면 왔다 갔다 하는 주기적인 진동이 일어나듯이, 지구의 고체 물질에 갑자기 교란을 가하면 똑같은 반응이 일어난다. 특히 먼 곳에서 일어난 지진이 덮쳤을 때 이러한 진동이 일어나지만, 그 자리에서 일어난 충격에 의해서 진동이 일어날 수도 있다. 물리적으로, 지진 작용은 지구의 응력stress과 변형strain 사이의 관계에 의존하며, 따라서 지진학을 이해하려면 이러한 성질들을 살펴보아야 한다.

응력은 단위 넓이에 주어지는 힘으로 정의된다. 응력에 의해 생겨나는 상대적인 뒤틀림을 변형이라고 한다. 응력-변형 관계를 보면 그 물질의 역학적 성질을 알 수 있다. 물질이 작은 응력을 받으면 탄성적인 변형을 일으킨다. 이때 응력과 변형은 비례하며, 응력이 사라지면 물질은 원래의 상태로 돌아온다. 지진파는 대개 작은 응력으로 진행한다. 응력이 점점 커지면 물질은 마침내 탄성 한계에 이르고, 그 한계를 넘으면 물질은 원래의 상태로 돌아가지 못한다. 더 큰 응력을 가하면 응력에 비례하는 정도를 넘어서는 큰 변형이 일어나고, 영구적인 뒤틀림이 일어난다. 계속해서 응력이 커지면 마침내 물질이 파괴된다. 응력과 변형의 관계는 지진학의 중요한 측면이다. 두 가지 유형(압축, 층밀림)의 탄성 변형이 지구에서 지진파가 전달되는 방식을 결정하는 데 중요하다.

  작은 직육면체의 한 면에 수직 방향으로 응력이 가해진다고 해보자. 이것을 수직 응력이라고 부른다. 그러면 이 직육면체는 눌리는 방향으로 길이가 짧아지고, 그 직각 방향으로는 길이가 살짝 늘어난다. 직육면체를 늘리면, 이와 반대되는 모양 변화가 일어난다. 이러한 가역적인 변화는 압축과 장력에 대해 물질이 어떻게 반응하는지에 따라 달라진다. 이러한 성질을 부피 탄성률bulk modulus이라고 부른다. 층밀림 변형에서, 응력은 직육면체의 표면에 평행하게 작용하고, 따라서 한쪽 가장자리가 평행하게 반대쪽으로 이동하며, 모양은 변하지만 부피는 변하지 않는다. 이러한 탄성적 성질은 층밀림 탄성률shear modulus에 의해 표현된다.

지진은 수직 응력과 층밀림 응력을 일으키는데, 그에 따라 네 가지 지진파가 생겨난다. 파동은 파장과 진동수라는 두 가지 양으로 표현된다. 파장은 진동에서 바로 이웃의 정점들 사이의 거리이고, 진동수는 1초에 진동하는 횟수다. 둘의 곱이 파동의 속력이다. 땅덩어리를 통해 두 가지 유형의 파동이 전달되고, 표면 근처에서 두 가지 유형의 파동이 전달된다. 각각의 파동에 따라 땅의 움직임이 달라지고, 파동의 속력은 전달되는 암석의 탄성적 성질과 밀도에 따라 달라진다.

## 실체파

실체파body wave는 지진계에 의해 탐지된다. 지진계의 기록을 지진기록이라고 부르고, 둘을 합쳐 지진기록기seismograph라고 부른다. 흔히 사용되는 지진계는 무거운 자석 안에 코일이 있고, 이것을 감싸는 상자가 땅에 연결되어 있다. 지진이 일어나면 땅, 상자, 코일이 모두 움직이지만, 무거운 자석은 관성 때문에 운동이 크지 않고, 따라서 자석과 코일 사이에 상대적인 운동이 일어난다. 이것이 코일에 유도 전류를 일으키고, 이 전류

(A) P파

압축 · · · 입자의 운동 · · · 팽창

(B) S파

입자의 운동

파동의 진행 방향 ➡

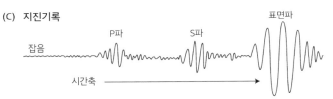

(C) 지진기록

잡음 · P파 · S파 · 표면파

시간축 ⟶

**그림 5**  (A) P파의 에너지는 파동의 진행 방향으로 압축과 팽창을 계속하면서 전달된다. (B) S파에서 입자의 운동은 파동의 진행 방향과 수직으로 일어난다. (C) 가상의 지진기록: P파는 가장 빠르게 전달되며, S파와 더 느린 표면파보다 먼저 지진계에 도달한다.

를 전자공학적으로 증폭해서 기록한다. 현대적인 광대역 지진계도 원리는 비슷하다. 작은 질량이 움직이지 않는 장치의 구조물에 피드백 회로와 함께 붙어 있어서, 이 회로가 땅의 흔들림을 보상하는 데 필요한 힘을 측정한다.

초기의 지진기록은 종이에 물결 같은 선이 그려지면서 흔들림이 기록되었지만, 현대의 장치에서는 디지털 방식으로 기록되며, 넓은 영역의 흔들림과 진동수에 대응할 수 있다. 지진계가 발명된 지는 100년도 훨씬 넘었고, 그동안 꾸준히 개선되어 현대의 지진계는 매우 민감하다. 처음에 지진계는 땅의 변위를 기록할 목적으로 고안되었지만, 현대의 지진계는 주로 지진이 일어나는 동안 땅의 속도에 반응한다. 지진계는 땅의 가속도를 기록하도록 만들 수도 있다.

P파(1차 파동primary wave, 압축 파동, 종파longitudinal wave라고도 부른다)는 땅을 구성하는 물질 입자들이 지진파의 진행 방향에서 앞뒤로 운동하면서 생기는 압축과 팽창의 연속으로 이루어진다(그림 5A). P파의 속력은 부피 탄성률, 층밀림 탄성률, 매질의 밀도에 따라 달라지며, 지각에서 약 초속 6~7킬로미터다(공기 중에서 소리는 초속 0.33킬로미터로 전달된다). 가장 빠른 지진파인 P파는 유체 속에서도 전달되지만, 속력이 줄어든다. 지각에 도달한 P파는 대개 수직 운동을 일으킨다. 이것이 지진계에 기록되며, 사람들이 감지하기도 하지만 대개 큰 피해를 주지는 않는다.

S파(2차 파동secondary wave 또는 층밀림 파동shear wave)는 층밀림 변형에 의해 일어난다(그림 5B). 이 파동은 진행 방향에 수직으로 일어나는 입자들의 진동에 의해 전달된다. 이런 이유로 이 파동을 횡파transverse wave라고도 한다. 층밀림 파동은 수평면

의 성분과 수직면의 성분으로 더 나뉘는데, 각각 SH파, SV파라고 한다. 층밀림 파동의 속력은 층밀림 변형률에만 의존하며, P파와 달리 부피 탄성률에는 의존하지 않는다. 따라서 S파는 P파보다 느려서, P파의 58퍼센트쯤의 속력으로 전달되며, 지각에서의 속력은 초속 3.5~4킬로미터다. 게다가 층밀림 파동은 층밀림 변형이 일어날 수 있는 물질에서만 전달된다. 고체는 층밀림이 일어날 수 있다. 고체 내의 분자들은 자기 위치를 가지고 인접한 분자들끼리 힘을 주고받으면서 서로를 붙들고 있다. 이에 비해, 액체(또는 기체)는 개별 분자들로 이루어지며, 분자들끼리 서로 묶여 있지 않다. 따라서 유체에서는 층밀림이 일어날 수 없다. 이런 이유로 S파는 유체 속에서 전달되지 못한다. 이것은 지구 내부의 구조를 이해하는 데 중요한 함의를 가진다. S파는 수평면과 수직면의 성분을 모두 가지므로, 이 지진파가 지구 표면에 도달하면 구조물을 아래위로 흔들 뿐만 아니라 옆으로도 흔든다. S파는 P파보다 진폭이 더 커질 수 있다. 건물들은 대개 옆으로 흔들릴 때보다 아래위로 흔들리는 운동을 잘 견딘다. 따라서 SH파는 구조물에 큰 피해를 줄 수 있다.

## 표면파와 자유 진동

표면파Surface wave는 진원 바로 위에 있는 지표상의 한 점(진앙 epicentre)에서 퍼져나가는데, 그 양상은 연못에 돌을 던졌을 때 와 비슷하다. 매우 깊은 곳에서 일어나는 지진은 표면파를 만들 지 않지만, 얕은 지진에서 생기는 표면파는 매우 파괴적이다. 실체파는 지구 내부에서 3차원으로 퍼져나가지만, 표면파의 에 너지는 자유 표면free surface을 따라 이동한다. 표면파는 2차원 으로만 퍼져나가므로 에너지가 더 집중된다. 결과적으로, 표면 파는 얕은 지진의 지진기록에서 가장 큰 진폭을 나타내며(그림 5C), 땅을 가장 크게 흔들고 가장 큰 피해를 준다.

표면파에는 두 가지 유형이 있다. 레일리파Rayleigh wave는 P 파의 진행 방향으로 일어나는 진동과 S파의 수직 진동 성분이 결합된 것으로, 표면의 입자들이 수직면을 따라 타원 운동을 한 다. 레일리파가 왼쪽에서 오른쪽으로 전달된다면, 땅의 입자들 은 시계 반대 방향으로 타원을 그리며 회전하게 된다. 이것은 물에서 전달되는 파동과 비슷한 운동인데, 물의 파동은 진행 방 향에 대해 시계 방향으로 회전한다는 점만 다르다. 레일리파는 지표에 물결과 같은 운동을 일으키고, 이것은 파괴적인 땅의 흔 들림을 만들 수 있다. 레일리파는 S파의 92퍼센트의 속력으로 진행한다. 러브파Love wave는 층밀림 파동의 수평 성분이 자유 표면과 그 아래의 경계면 사이에 갇힐 때 생긴다. 이 파동은 강력한 수평 흔들림을 일으킬 수 있고, 건물의 기초에 피해를 줄 수 있다. 러브파의 속력은 경계면에서의 S파와 더 깊은 층에서 진행하는 S파의 속력의 중간쯤이다.

네 가지 유형의 지진파는 진행 경로와 전달 속도가 다르므로, 지진이 일어난 뒤에 지진계에 도달하는 시간도 각각 다르다. 가장 먼저 도달하는 지진파는 P파이고, 그다음에 S파, 그다음에 표면파가 도달한다(그림 5C). 그러나 지진기록은 이보다 더 복잡한데, P파와 S파가 지구 내부의 여러 경계면에서 반사하고 굴절되기 때문이며, 따라서 지진기록에는 이런 이유로 늦게 도달하는 지진파까지 중첩되어 기록된다.

지진파의 진폭은 진원에서 멀어질수록 줄어드는데, 그 이유는 비탄성적 감쇠, 산란, 기하학적인 확장의 세 가지다. 비탄성적 감쇠는 지진파가 지구 내부를 지나가는 동안에 비탄성적인 과정에 의해 에너지가 흡수되면서 일어난다. 에너지는 지구 내부의 광물 결정의 결함에 의해 흡수된다. 그 효과는 복잡하고, 뭉뚱그려서 내부 마찰로 표현된다. 산란은 파동이 진행하다가 물질이 불규칙하거나 물질의 성질이 변하는 곳에서 일어난다. 기하학적인 확장은 지진파의 에너지가 넓은 영역으로 퍼지는 것을 말한다. 실체파의 에너지는 깊은 곳에 있는 진원 주위에서 구면으로 퍼져나간다. 진원으로부터의 거리가 r일 때, 구면파

표면의 넓이는 $r^2$에 비례하며, 따라서 에너지는 $1/r^2$에 비례해서 감쇠한다. 반면에, 표면파는 진앙 주변에서 원형으로 퍼져나가며, 그 둘레는 r에 비례하고, 에너지는 단지 $1/r$에 비례한다. 그러므로 지진에서 멀어짐에 따라 표면파의 진폭은 실체파보다 더 느리게 줄어든다. 매우 큰 지진에서 생겨난 지진파의 에너지는 지구를 몇 바퀴 돈 다음에야 잦아든다.

표면파에 의한 땅의 움직임은 지표면에만 국한되지 않고 땅속으로 어느 정도 침투하며, 깊이에 따라 진폭이 줄어든다. 표면파 성분의 '침투 깊이'는 대개 진폭이 최초 값의 약 3분의 1로 줄어드는 깊이로 잡는다. 이것은 대략 한 파장쯤이다. 표면파는 여러 가지 파장 성분으로 구성되며, 그중에는 긴 파장도 있다. 지진파의 속도는 일반적으로 깊이에 따라 증가하며, 따라서 파장이 긴 성분들이 짧은 성분보다 더 깊이 침투하고 더 빨리 전달된다. 결과적으로, 표면파의 모양은 진원에서의 거리에 따라 달라진다. 이런 현상을 분산dispersion이라고 부른다. 지진학자들은 표면파의 분산을 분석해서 지구 바깥쪽 층들의 구조가 가진 물리적 성질에 대해 중요한 정보를 얻는다.

매우 큰 지진은 지구를 심각하게 흔들어서 지구 전체를 진동시킬 수 있다. 이것은 종이 울리는 것과 비슷하며, 주기가 몇십 분에 이른다는 점만 다르다. 자연 진동(진동의 표준 모드normal modes라고도 부른다)의 진동수는 지구의 탄성적 성질과 내부 구

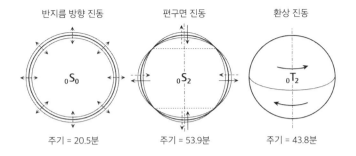

$_0S_0$　　　$_0S_2$　　　$_0T_2$

주기 = 20.5분　　　주기 = 53.9분　　　주기 = 43.8분

**그림 6**　지구 자연 진동의 기본 모드와 관측된 주기

조에 의해 결정된다. 표준 진동은 운동의 유형에 따라 세 범주로 일어난다(그림 6). 반지름 방향의 진동은 반지름 방향의 변위로 이루어진다. 이때 지구 전체가 마치 숨을 쉬듯이 부풀었다가 압축되는 것을 반복한다. 편구면 진동은 적도가 바깥쪽으로 늘어나면서 자전축에서는 줄어들고, 반 주기 뒤에는 반대 방향의 운동이 일어나는 것이다. 환상Toroidal 진동은 지구의 위쪽 반구가 옆으로 쏠리고 아래쪽 반구는 반대쪽으로 쏠리는 것이다. 이러한 진동들의 가장 낮은 진동수를 기본 모드fundamental mode라고 부른다. 기본 모드의 주기는 20~54분이며, 지구 전체의 흔들림에 관련된다. 종이 울리는 특성은 여러 배음overtone이 어떻게 울리는지에 따라 달라지는데, 비슷하게 지구의 자유 진동에도 진동의 높은 모드가 있다. 자유 진동을 분석하면 지구의

탄성적 성질과 밀도 분포를 결정할 때 유용한 제한 조건을 얻을
수 있다.

## 실체파의 반사, 굴절, 회절

지진파가 처음에 균질한 매질 속에서 진원으로부터 퍼져나간다
면, 모든 방향으로 균일하게 퍼져나가며, 파면wavefront은 구를
이룬다. 파면에 수직인 구의 반지름을 지진파선seismic ray이라
고 하는데, 이는 파면이 이동하는 방향을 가리킨다. 지진 에너
지가 진행하다가 서로 다른 두 물질이 맞닿아 있는 경계면을 만
나면, 경계면 양쪽 모두에서 진동(즉 새로운 지진파)이 일어난다.
탄성적 성질과 밀도(따라서 지진파의 속도)가 변하는 경계면에서 P
파와 S파가 만드는 지진파선들의 상호작용은 광학에 나오는 것
과 비슷한 법칙이 지배한다.

  P파가 그림 7과 같이 경계면으로 들어온다고 하자(S파에 대해
서도 상황은 비슷하다). 경계면 위에서 입사파와 반사파가 경계면
의 법선과 이루는 각도는 같다. 이것이 지진파 반사 법칙이다.
두 번째 매질로 들어가는 파동은 두 매질에서 지진파가 전달되
는 속도에 따라 방향이 바뀐다. 이것을 굴절된 파동이라고 부르
며, 이 파동의 방향은 지진파의 굴절 법칙이라고 부르는 수학적

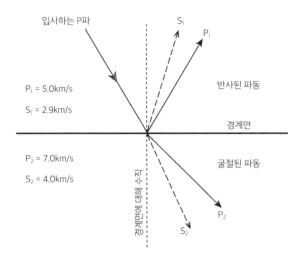

입사하는 P파

$S_1$

$P_1$

$P_1$ = 5.0km/s

$S_1$ = 2.9km/s

반사된 파동

경계면

$P_2$ = 7.0km/s

$S_2$ = 4.0km/s

굴절된 파동

경계면에 대해 수직

$P_2$

$S_2$

**그림 7**  지진파의 전달 속력이 다른 두 매질의 경계면에 P파가 입사할 때 일어나는 반사와 굴절. $P_1$과 $S_1$은 경계면 위로 진행하는 P파와 S파의 속력이며, $P_2$와 $S_2$는 경계면 아래로 진행하는 P파와 S파의 속력이다.

관계에 의해 결정된다. 예를 들어 두 번째 매질에서의 속력이 첫 번째 매질에서의 속력보다 빠르면, 굴절된 파동은 수직 방향에서 경계면 쪽으로 휘어지며, 따라서 더 얕아지는 방향으로 꺾인다. 반대로 두 번째 매질에서의 속력이 첫 번째 매질에서의 속력보다 느리면 파동은 수직 방향으로 꺾여서 더 가파르게 된다. 굴절은 광학에서 낯익은 현상이다. 지팡이를 물웅덩이에 담그면 물속에 들어간 부분이 수면 쪽으로 꺾인 것처럼 보이게 되는데, 이것 때문에 물웅덩이가 실제보다 얕아 보이는 것이다.

지진파의 반사 방법은 넓은 지역의 지하 구조를 탐지하고 설명하는 중요한 기술이다. 예를 들어 이 기술로 산악 지역 아래 지각의 구조를 탐사하거나 소규모로 광물 또는 석유 매장지를 탐사할 수 있다. 이 방법은 '반향 원리echo principle'를 기반으로 한다. 이 원리로 진동원振動源 아래에 놓인 반사체의 깊이를 알아낼 수 있다. 지진파의 반사 방법으로 지하 구조를 탐사할 때, 지질 구조의 단면을 따라 여러 곳에서 P파를 발생시키는데, 파동을 일으키는 에너지 원천은 연속적일 수도 있고, 단발적일 수도 있다. 파동은 지진 임피던스의 변화가 있는 지표면 아래 경계면에서 반사된다. 지진 임피던스는 밀도와 지진 속도의 곱으로 정의된다. 지면으로 되돌아온 반사파는 지오폰geophone이라고 부르는 소형 휴대용 지진계 여러 대로 기록한다. 반사지진학 탐사로 얻는 주요 정보로는 지하 암반층의 깊이와 지진파 속도가 있다.

지진파 탐사에서 P파를 일으키기 위해서는 일반적으로 통제된 폭발 또는 하나 이상의 거대한 진동원을 사용한다. 해양에서는 물속으로 고압의 기포를 방출하는 특수 공기총을 사용하며, 공기총 여러 개를 하나의 배열로 묶어서 사용하기도 한다. 탐사선 뒤에 고정된 깊이로 끌고 다니는 압력 센서 배열로 반사를 감지하며, 길게 연결된 센서 배열은 수 킬로미터 길이의 띠가

되기도 한다.

지진기록에는 진동원에서 오는 유용한 기록뿐만 아니라 배경 잡음을 이루는 원하지 않는 진동도 담겨 있다. 이것은 교통 소음이 대화를 방해해서 녹음을 망치는 것과 똑같다. 지진파의 반사를 측정하려면 지진계의 신호 대 잡음 비를 개선하는 여러 가지 보정을 거쳐야 한다. 진동원에 의해 생기는 표면파 잡음('지표 진동')은 지오폰 여러 개를 하나로 묶어 사용함으로써 줄일 수 있다. 반사파의 이동 시간은 진동원, 지오폰, 반사 표면의 기하학적 구조에 따라 일어나는 다양한 왜곡을 보정해야 한다. 전형적인 반사파 탐사에는 반사하는 표면의 위치와 형태를 정확하게 알아내기 위해 정교한 데이터 처리와 강력한 계산 능력이 필요하다. 이 기술로 지표 아래의 구조와 지진파 속도를 3차원으로 얻을 수 있다. 지진파의 반사 방법은 석유 산업에서 가장 중요한 지질학적 탐사 기술이다. 반사파를 자세히 분석하면 지진 임피던스의 변화를 다공성과 침투성 같은 특성과 연결해 해석할 수 있고, 기체나 액체가 존재할 가능성도 찾을 수 있다.

굴절 지진학은 지진파의 속도가 변할 때 일어나는 굴절을 이용하여 지표면 아래의 구조를 해독하는 데도 사용된다. 균질한 암석층 아래에 지진 속도가 더 빠른 암석층이 있는 단순한 구조를 생각하자. 표면 폭발에서 나오는 지진파는 다양한 각도로 두 암석층 사이의 경계면을 때린다. 그중 일부는 지표 쪽으로 반사

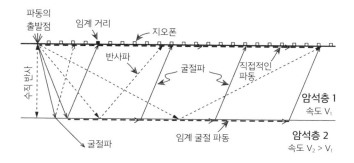

파동의
출발점
임계 거리
지오폰
수직 반사
반사파
굴절파
직접적인
파동
암석층 1
속도 V₁
굴절파
임계 굴절 파동
암석층 2
속도 V₂ > V₁

**그림 8** 속도가 빠른 암석층 위에 얇은 암석층이 있을 때 지진파의 반사와 굴절 경로. 각 층
에서 지진파의 속도는 일정하다. 지표면의 지오폰은 경계면에서 반사된 파동을 기
록할 뿐 아니라 경계면을 따라 이동하는 파동이 일으킨 P파의 굴절파도 기록한다.

되고, 일부는 다음 층으로 들어가면서 굴절되어 경계면에 대해
더 얕은 각도를 이룬다(그림 8). 입사파 중 어떤 것은 속도가 빠
른 아래층과의 경계면 바로 아래에서 경계면과 평행하게 이동
하게 된다. 이 상황을 임계 굴절critical refraction이라고 하며, 두
암석층의 속도에 의해 결정된다. 임계 굴절된 파동은 경계면을
따라 아래층의 더 빠른 전달 속도로 이동한다. 이 파동은 위층
을 교란해 P파를 일으키고, 이렇게 생성된 P파가 지표로 굴절
되어 지오폰에 기록된다. (영점교차점crossover point이라고 알려진)
특정 거리를 넘어서면, 이 굴절파가 위층의 직접파보다 먼저 청
음기에 도달한다. 이 파동은 아래층의 빠른 속도로 경로의 일부
를 통과하기 때문이다. (이것은 도시 외곽의 고속 우회도로를 타면 더

먼 거리를 달려도 도심의 교통 정체가 심한 짧은 경로로 가는 것보다 더 빨리 도착하는 상황과 비슷하다.) 지진파 굴절 탐사에서, 지오폰에 최초로 도착하는 신호의 이동 시간은 굴절 경계면 위와 아래의 지진파 속도와 그 깊이를 나타낸다.

지진파의 전달에 영향을 줄 수 있는 또 다른 메커니즘으로 회절diffraction이 있다. 돌출된 물체 또는 암석층의 가장자리처럼 갑작스럽게 변하거나 불연속적인 표면을 만나면, 파동은 회절을 일으킨다. 바다의 파도가 단단한 방파제의 가장자리에서 구부러지는 것처럼, 지진파는 경로에 놓인 장애물의 가장자리 주위에서 구부러진다. 지구 중심부의 핵과 맨틀의 경계에서 회절된 P파와 S파는 지구 내부의 심층 구조와 관련된 추가적인 자료를 제공한다.

## 지구 내부 실체파의 진행 경로

지진학자들은 실체파의 반사와 굴절, 표면파의 분산 등을 연구함으로써 지구의 내부 구조를 해독해왔다. 지구가 여러 층으로 이루어지고, 각각의 층이 위의 층보다 지진 속도가 더 빠르다고 생각하자. 각각의 경계면에서는 속도의 증가로 인해 입사 지진파가 수직면으로부터 멀어지면서 경계면 쪽으로 더 얕게 굴절

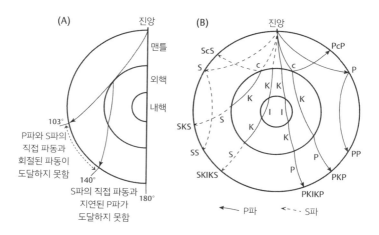

**그림 9** (A) 지구 내부를 통과하는 P파와 S파의 음영대. (B) 지구 내부의 굴절 및 반사된 P파와 S파의 몇 가지 예와, 내핵과 외핵 경계면들 사이의 관계. PP, PKP, SKS 등은 여러 번 반사되고 굴절된 지진파를 식별하는 표지이다.

된다(그림 7). 어떤 층에서 입사각이 임계 각도에 도달하면 그 파동은 최대 깊이에 도달한다. 이 파동은 경계면을 지날 때마다 수직면 쪽으로 굴절되면서 지표면으로 돌아온다. 각 층이 극도로 얇으면 깊이에 따라 속도가 부드럽게 증가하고, 따라서 파동의 경로는 곡선이 된다. 지구 내부 각각의 주요 구역 안에서 지진파의 속도는 깊이에 따라 점점 빨라진다. 이로 인해 지진파의 경로는 곡선이 된다(그림 9).

주요 내부 영역 사이의 경계에서는 밀도와 P파·S파의 속도가 급격히 변하며, 이에 따라 지진파가 강하게 굴절되고 반사된다. 내부 경계면에 도달한 지진파는 지구 표면의 각 지역에 있는 관측소에서 기록된 지진기록으로 확인할 수 있다. 한 점에서 진앙까지의 거리(진앙 거리)는 지표면을 따라 킬로미터 또는 마일 단위로 나타낼 수 있지만, 지표면의 호arc가 지구 중심에서 이루는 각도로 진앙 거리를 나타내면 더 편리하다. 20세기 초에 지진학자들은 S파가 지진으로부터 약 103도 이상 떨어진 곳에 직접 도달하지 않는다는 것을 알아냈다(그림 9A). 이 '음영 대shadow zone'는 S파가 유체를 통해 이동하지 못해 생겨나므로, 지구 내부에 유체로 이루어진 핵이 있다는 증거로 인식되었다. 핵을 둘러싸고 있는 단단한 껍질은 맨틀이라고 이름 붙여졌다. 103도에서 140도 사이에서는 핵을 직접 통과하는 P파도 도달하지 못한다. 이는 유체 핵으로 입사하는 P파가 핵의 표면에서 반지름 방향(수직 방향)으로 굴절되어 140도 이상의 진앙 거리에서 지표에 도달하기 때문이다. 이것은 유체 핵에서 P파의 속도가 느려진다는 것을 의미한다. 이는 깊이에 따라 지진파의 속도가 지속적으로 증가한다고 가정하는 지구 모형으로 계산하면, 140도가 넘는 곳에서는 P파가 예상보다 늦게 도착한다는 관측으로 뒷받침된다. P파의 속도는 매질의 부피 탄성률과 층밀림 탄성률을 더한 값에 의존한다. P파가 유체 부분을 통과할 때는 층밀림이 없으므로 속도가 느려진다.

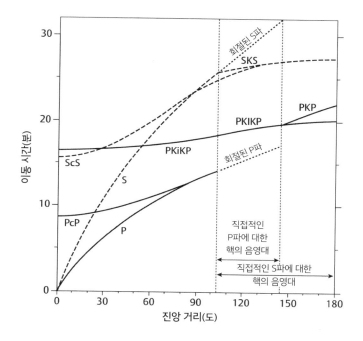

**그림 10** 구면 대칭인 지구 표면에 도달하는 몇 가지 중요한 지진파의 이동 시간 곡선. 음영대에 도착하는 점선의 P파는 핵의 표면에서 회절된 파동이다.

음영대에 지진파가 전혀 도달하지 못하는 것은 아니다. 반사되고 굴절된 P파와 S파는 음영대를, 때로는 복잡한 경로를 따라 관통한다(그림 9B). 또한, 음영대의 가장자리는 날카롭지 않다. 중심부의 표면을 스치는 P파와 S파는 음영대 안으로 140도까지 회절된다. 지진기록에서 개별 지진파의 경로를 식별하기 위해, 지진학자들은 실용적인 표기 체계를 개발했다. 예를 들어, 지표에서 한 번 반사된 P파의 도착은 경로의 각 부분이 P파이기 때문에 PP라고 부른다. 경계면에 닿는 모든 지진파는 각각 굴절 및 반사된 P파와 S파를 만들 수 있다(그림 7). 핵-맨틀 경계를 통과하는 S파는 부분적으로 P파로 바뀔 수 있으며, 이 에너지는 핵을 통과하여 맨틀 부분으로 다시 들어가면서 S파로 바뀔 수 있다. 문자 'I'는 P파의 형태로 고체 내핵을 통과하는 지진파를 가리키며 문자 'i'는 내핵의 표면에서 반사되는 지진파를 가리킨다. 예를 들어 PKIKP는 지구 전체를 P파의 형태로 이동하며, SKiKS는 맨틀에서 S파, 유체 핵에서 P파로 이동한 후 내핵의 표면에서 반사된 다음에 동일한 경로로 표면으로 돌아오는 지진파다.

지진기록에서 도착하는 지진파를 정확하게 식별하고 그 경로를 모형 연구로 추적함으로써, 지진학자들은 지구 전체의 내부 구조와 조성의 모형을 개발할 수 있었다. 그들은 여러 번의 지진에서 얻은 자료로 다양한 지진파 전달 경로에 대해 진앙 거리 대 이동 시간 그래프를 만들었고, 이를 바탕으로 지구 전체의 평균 이동 시간 곡선을 산출했다(그림 10). 이러한 지표면에서의 관측 결과를 수학적(각각 순산 모형화forward modelling와 역산 inversion이라고 부른다)으로 처리하면 깊이에 따른 지진파의 속도 분포를 얻을 수 있다(그림 11). 지진파의 속도는 탄성률뿐만 아

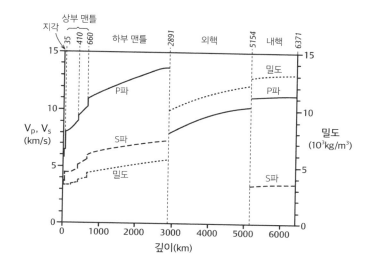

**그림 11** 지구 내부의 깊이에 따른 실체파의 속도와 밀도의 변이

니라 밀도에도 의존하므로, 속도를 수학적으로 처리하면 깊이에 따른 밀도의 변이가 나온다. 지구의 자연 진동도 반지름 방향의 밀도와 탄성에 의존한다. 그러므로 지구의 자연 진동을 분석함으로써도 밀도 모형을 얻을 수 있다. 모형이 얼마나 잘 만들어졌는지는 여러 가지 기준으로 점검할 수 있다. 밀도 모형을 지구의 부피에 대해 적분하면 올바른 질량이 나와야 하고, 회전축에 대한 관성 모멘트도 정확한 값이 나와야 한다. 밀도는 지구의 주요 내부 경계에서 급격하게 변화하는데(그림 11), 이는

경계면 양쪽의 물질 조성이 불연속적으로 변한다는 것을 가리킨다. 그러나 지구 내부의 불연속성 중에는 상변화에 의한 것들도 있다. 상변화에서는 구성은 그대로지만 물질 구조가 달라지므로 밀도가 변한다.

## 지구의 내부 구조

지구를 통과하는 지진파를 관측하고 내부 경계면에서의 반사와 굴절을 해석함으로써 핵, 맨틀, 지각의 내부 구조가 밝혀졌다. 1906년에 리처드 올덤Richard Oldham은 P파가 지구를 통과할 때 지연되는 것을 관측했고, 그것을 바탕으로 지구 중심에 속도가 줄어드는 핵이 있다고 추론했다. 핵에 대한 P파의 음영대는 1914년에 베노 구텐베르크Beno Gutenberg에 의해 확실해졌다. 또한 구텐베르크는 PcP와 ScS 파동의 존재를 예측했는데, 여기서 소문자 c는 핵-맨틀 경계에서 파동이 반사되는 것을 나타낸다(그림 9B). 이러한 반사 파동은 오랜 시간이 지난 뒤에야 지진 기록에서 확인되었다. 1926년에 해럴드 제프리스Harold Jeffreys는 진원으로부터 반사되거나 다른 층으로 투과하지 않고 곧바로 오는 S파는 103도가 넘는 곳에 도달하지 않는다는 사실에서, 핵이 유체라고 추론했다. 1936년에 덴마크의 지진학자 잉게 레만Inge Lehmann은 유체 핵 안에 고체인 내핵이 있다는 증거를 발견했다. 내핵의 반지름은 1217킬로미터로, 달보다 작다.

내핵과 외핵은 매우 뜨거워서 핵-맨틀 경계 그리고 외핵-내핵 경계의 온도는 각각 약 4000K(섭씨 4273도)와 5500K(섭씨 5226도)로 추정된다. 외핵과 내핵은 조성이 비슷하다고 여겨지며, 주로 철과 소량의 니켈로 이루어져 있다. 내핵은 엄청난 압력에 의해 고체 상태로 유지되지만 외핵은 유체이며, 따라서 열에 의한 대류가 일어난다. 냄비에 담긴 물을 가열하면 밑바닥의 물이 데워져서 밀도가 낮아지고 부력이 생겨서 솟아오르듯이, 아래쪽의 유체는 위로 올라오게 된다. 외핵에 있는 유체의 점도(또는 '끈적임')는 아마도 지구 표면의 물과 비슷할 정도로 낮을 것이다. 외핵의 성분인 철-니켈은 내핵-외핵 경계면에서 지속적으로 고체로 굳어져서 액체 안에 가벼운 원소들을 남긴다. 이렇게 생겨난 가벼운 원소들이 밀도가 높은 외핵 속에서 떠올라서, 조성에 의한 대류가 일어난다. 조성에 의한 대류와 열대류가 함께 일어나서, 결과적으로 외핵은 난류亂流 운동 상태에 있다. 내핵에서 오는 지진파 자료에 따르면, 내핵은 고체일 뿐만 아니라 비등방성anisotropy임을 알 수 있다. 다시 말해 지진파의 속도가 남북 방향과 동서 방향이 다르다는 것이다. 고체 내핵은 결정 구조를 가지고 있는 것으로 생각되며, 비등방성이 관찰되는 이유는 결정이 어느 한 방향으로 정렬되어 있기 때문일 수 있다.

1909년에 세르비아의 지진학자 안드리야 모호로비치치 Andrija Mohorovičić는 진앙으로부터 특정한 거리를 넘어서면 직접적인 P파와 S파보다 더 빠른 파동이 먼저 도달함을 관찰했다. 그는 지하 깊은 곳에 지진파의 속도가 더 빠른 지층이 있으면, 이 지층의 상부에서 굴절된 파동이 직접적인 파동보다 더 빨리 도착할 수 있다고 해석했다(그림 8). 이것이 지각과 맨틀 사이의 경계를 정의하는데, 지금은 모호로비치치 불연속면 또는 줄여서 모호면이라고 부른다. 모호면의 깊이는 지각 두께와 동등하다. 지구 전체의 평균 지각 두께는 22킬로미터지만, 매우 크게 변한다. 해양 지각의 두께는 5~10킬로미터인 반면, 대륙 지각의 두께는 30~70킬로미터로 일부 산맥에서 가장 두껍다.

지구 내부는 크게 동심원 구각의 형태를 이룬다(그림 12). 맨틀은 매우 단단하며, 지각과 함께 암권lithosphere을 구성한다. 이 복합층의 외부 껍질은 잘 부서지는 성질이 있는데, 높은 응력을 받으면 균열이 일어난다. 깊이와 온도가 증가함에 따라 암권은 연성을 띠게 되는데, 이는 금속을 잡아당겨 철사로 만들 때처럼 파열되지 않고 변형될 수 있다는 것을 의미한다. 해령의 암권은 얇지만, 해령에서 멀어지면서 두께가 점점 증가해 약 80~100킬로미터에 이르는 반면, 대륙의 암권 두께는 50킬로미터까지 될 수 있다. 지리적으로 암권은 큰 판으로 나뉘며, 판의

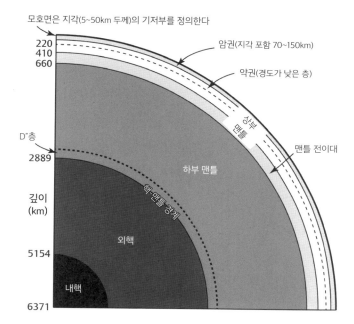

모호면은 지각(5~50km 두께)의 기저부를 정의한다

220
410
660

암권(지각 포함 70~150km)

약권(경도가 낮은 층)

상부 맨틀

맨틀 전이대

D"층

2889

하부 맨틀

핵-맨틀 경계

깊이
(km)

외핵

5154

내핵

6371

**그림 12** 자오선을 따라 지구 내부를 자른 단면은 층층이 쌓인 구조와 주요 내부 경계의 깊이를 보여준다.

수평 방향 길이는 수천 킬로미터에 이른다. 비교적 얇은 암권의 판들은 지구 표면에서 이동하며 그 과정에서 이웃의 판들과 충돌하고 분리된다. 이러한 상호작용은 지구의 지각 변동을 일으킨다. 판의 이동은 암권 아래에 있는 약권asthenosphere이라고 부르는 층에 의해 촉진된다. 지진파의 속도가 낮은 영역에 해당하는 약권의 윗부분은 약 100킬로미터 두께이고, 암권보다 물질이 덜 단단하다. 약권은 기계적으로 약하며, 연성적인 방식으로 1년에 몇 센티미터의 비율로 변형된다. 암권의 기저부는 뚜렷하게 정의되지 않지만, 상부 맨틀과 합쳐진다.

410킬로미터에서 660킬로미터 사이의 깊이는 맨틀 전이대transition zone다. 이 깊이에서는 압력이 증가하면서 광물의 결정 구조가 붕괴되어 더 밀도가 높은 구조를 형성한다. 맨틀 상부에서 가장 흔한 암석은 감람암peridotite으로, 대량의 감람석 광물을 포함하고 있다. 410킬로미터 깊이에 이르면 광물의 상변화가 일어나는데, 높은 압력을 받은 감람석의 원자들이 재정렬하여 첨정석spinel 광물에서 전형적으로 나타나는 고밀도 구조를 형성한다. 660킬로미터 깊이에서는 또 다른 상변화가 일어나는데, 고압으로 인해 첨정석 유형의 구조가 회티탄석(페로브스카이트perovskite) 광물의 전형적인 특징인 더 높은 밀도의 구조로 바뀐다. 이 광물은 하부 맨틀의 전형적인 구성물로 여겨지는 마그네슘 규산염이다. 약 2600킬로미터 깊이에서 또 다른 상변화가 일어난다. 첨정석 구조가 포스트페로브스카이트post-perovskite라고 부르는 광물상으로 바뀌는 상전이가 관찰된 것이다. 지진파의 증거에 따르면, 이 깊이에는 핵-맨틀 경계 바로 위 두께가 특이하게도 150~200킬로미터임을 나타내는 맨틀 하부층이 있다. 관례에 따라 D″층이라고 부르는 이 층은 두께와 지진파 속도가 다양한 것이 특징이다. 이 층에서는 층밀림 파동의 속도가 비등방적이다. 다시 말해 속도가 방향에 따라 달라진다. 수직면에서 진동하는 층밀림 파동의 속도는 수평으로 진동하는 파동 속도보다 몇 퍼센트쯤 느린데, 그 이유는 완전히 이해되지 않고 있다.

## 지진파 토모그래피

그림 10에 나오는 P파와 S파의 이동 시간 곡선은 지구 전체의 평균이다. 이 자료는 전 세계에 퍼져 있는 지진 관측소에 설치된 수천 개의 지진기록기에 의해, 어떤 경우에는 수십 년에 걸쳐 기록된 수많은 도착 시간을 바탕으로 한다. 실제로 지구 내부의 구성과 온도는 계층 구조화된 이상적인 지구보다 더 복잡하다. 개별 지진파의 관측된 이동 시간은 그림 10에 나오는 시간에 대해 작은 편차를 보인다. 이동시간잔차travel-time residual 라고 부르는 이 편차는 속도 구조의 국소적 또는 지역적 변화 때문일 수 있다. 이동시간잔차는 지진 토모그래피에 사용되어 지구의 내부 구조 속도에 대한 자세한 지식을 제공한다. 이 기술은 병원에서 엑스선을 사용해 인체의 단면을 상세하게 촬영하는 것과 비슷하다. 여러 방향으로 지역을 통과하는 지진파 경

로의 정보를 처리하여 지하의 단면을 분석하려면 강력한 컴퓨터와 정교한 계산 기법이 필요하다.

지진파 토모그래피는 P파, S파, 표면파의 이동 시간을 바탕으로 삼을 수 있다. 이동시간잔차는 속도 차이로 쉽게 변환되기 때문에 이를 바탕으로 속도 분포의 3차원 이미지를 생성할 수 있다. 지진파의 속도가 방향에 따라 달라지지 않는다고 가정하면, 이것을 다시 지진파가 지나가는 영역의 온도, 조성, 강성 rigidity의 변화로 해석할 수 있다. 지진파가 지나가는 영역의 온도가 주변보다 높으면 지진파의 속력이 줄어들 수 있다. 그 영역의 온도가 더 낮으면 속력이 증가할 수 있다. 이때는 속도 분포가 온도 분포를 반영한다.

상부 맨틀의 속도 이상은 지진파 토모그래피에 의해 판구조론의 중요한 측면과 연결된다. 예를 들어 해양의 확산 중심에서 지각판의 가장자리가 형성될 때는 뜨겁다. 수백만 년이 지난 뒤에 이 부분이 다른 판의 경계에 닿을 때는 냉각되어 밀도가 높아진다. 밀도가 높은 대양판은 자체의 무게에 의해 밀도가 낮은 판 아래로 끌려들어가(섭입) 섭입대를 형성하면서 맨틀로 가라앉는다. 섭입하는 판은 그것이 뚫고 들어가는 상부 맨틀보다 차갑고 밀도가 높다. 이 과정에 의해 상부 맨틀에서 몇 퍼센트의 양의 속도 이상positive velocit anomaly이 일어난다. 그 결과는 일반적으로 지진파 토모그래피 단면의 컬러 영상으로 잘 나타난

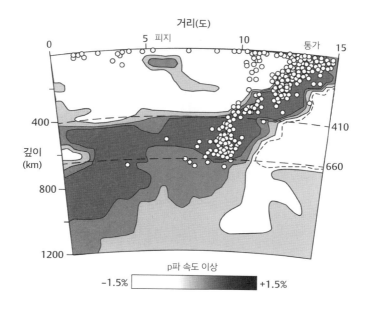

**그림 13** 통가-피지 섭입대의 단순화된 P파 토모그래피의 단면. 작은 원들은 진원을 나타낸다. 회색 영역이 태평양판에 섭입되었다.

다. 통가-피지 섭입대의 단순화된 단면 영상에는 차가운 태평양판이 고온의 맨틀을 향해 아래쪽으로 구부러져서 들어간 모습이 보인다(그림 13). 이 예에서 섭입하는 판은 660킬로미터의 불연속면에서 만나 휘어지지만 결국 하부 맨틀로 침투한다.

## 대륙 지각의 구조

산맥의 길이에 평행과 수직 방향으로 나타나는 지진파 굴절 프로필은 굴절이 일어나는 암석층의 깊이와 지진파의 속도를 결정함으로써 지각 구조를 조사하는 데 사용할 수 있다. 그러나 지표면 아래의 더 자세한 그림은 반사 프로필에서 얻는다. 굴절과 반사에 의한 탐사가 모두 대륙 암권의 구조와 지각-맨틀 경계의 깊이를 알아내는 데 중요한 기여를 했다. 이런 대규모 조사에는 여러 기관들의 협력과 다른 분야에서의 도움이 필요하다.

캐나다 리토프로브 프로젝트Canadian Lithoprobe Project는 지질학, 지구화학, 여러 분야의 지구물리학 연구팀과 협력하여 북위 45~55도의 캐나다 남부를 가로지르는 6000킬로미터 길이의 암권 구조를 탐사하는 지진파 굴절 및 반사 실험을 조직했다. 서쪽으로 활성적인 후안데푸카 활성판부터 동쪽으로 활동을 멈춘 대서양 가장자리까지 뻗어 있는 이 프로필은 조산대가 서로 겹쳐 쌓인 복잡한 지각의 역사가 있다. (조산대는 지각판들의 충돌로 해양판이나 대륙판이 변형되어 산맥을 형성할 때 만들어진다.) 리토프로브 프로필은 모호면의 깊이가 30~40킬로미터로 놀라울 정도로 일정하다는 것을 알려주었고, 암권의 두께가 해안 70킬로미터에서 대륙의 한가운데 200~250킬로미터에 이르는 다양한 두께로 이루어져 있음을 알려주었다.

지진파의 굴절과 반사는 이와 비슷하게 여러 분야의 지구과학자들이 국제적으로 협력해서 이루어진 유럽 지오트래버스 프로젝트European Geotraverse Project에서도 기초가 되었다. 이 탐사의 목적은 스칸디나비아에서 지중해에 이르는 남북 방향의 단면을 따라 지각과 암권의 구조를 알아내는 것이었다. 이 지역은 고대 선캄브리아기 스칸디나비아 순상지楯狀地에서부터 현재 충돌이 활발하게 진행되고 있는 지중해에 이르기까지 여러 지질학적 지역에 걸쳐 있다. 이 프로젝트는 유럽 전역의 지각 구조가 어떻게 진화해왔고, 어떻게 계속 진화하고 있는지 이해하는 데 기여했다.

## 지진파 잡음

지진계는 매우 민감하기 때문에 지진이 아니라 맥동microseism 이라고 알려진 땅의 연속적이고 작은 움직임도 탐지할 수 있다. 인위적인 진동원이나 지진에서 P파와 S파가 도달한 뒤에도 땅은 계속 진동한다. 균질하지 않은 지각에서 여러 번 반사되고 회절된 결과인 이런 진동은 신호에 잡음을 보태게 된다. 지진기록에 나타나는 지진파 잡음은 여러 원인에서 생겨나므로 여러 진동수로 구성된다. 바다에서 오는 파도가 해안선에서 일으키는 상호작용이 그 원인 중 하나라는 것은 오래전부터 알려져 있었다. 다른 원인 중에는 느리게 진행되는 산사태나 빙하와 강에서 물질의 이동, 바위에 균열을 일으키는 지각 효과, 도시화 또는 자원 개발과 관련된 인간의 활동 같은 환경적 요인들이 있다.

지진학자들은 지진계에서 연속적인 기록을 제공하는 수동적인 진동원으로서 잡음을 사용하는 방법을 배웠다. 충분히 긴 시간에 걸쳐 기록된 지진파 잡음은 모든 방향에서 지진계에 동일하게 도달한다고 볼 수 있으며, 이 기록을 분석해서 지각과 상부 맨틀 구조에 대한 정보를 얻을 수 있다. 이는 한 쌍의 지진기록기에서 얻은 기록을 교차 상관관계cross-correlation를 사용해서 달성할 수 있다. 교차 상관관계는 하나의 기록을 이용해서 다른 기록에서 비슷한 부분을 찾아내는 통계적 기법이다. 두 기록을 합치면 동일한 경로를 따라온 신호를 제외한 부분은 상쇄되며, 상쇄되지 않은 부분은 두 관측소를 잇는 경로의 신호이다. 따라서 두 관측소는 상대방의 관측소를 겉보기 지진파의 원천으로 보게 된다. 교차 상관관계의 결과는 두 관측소 사이에서 이동한 레일리 표면파의 특성을 가지며, 이 자료를 분석해서 관측소 아래의 지각과 상부 맨틀의 속도-깊이 구조에 대한 정보를 얻을 수 있다. 여러 관측소에서 오랫동안 쌓아온 기록이 누적되면, 지진파 잡음 분석을 이용해 지표면 아래의 구조에 대해 지진파 토모그래피 단면 영상을 얻기에 충분한 데이터를 얻을 수 있다.

지진파 잡음은 연속적이기 때문에 산사태의 위험이 있는 사면을 감시하거나 빙하의 이동을 기록하는 등 다양한 상황에서 시간에 따른 환경 변화를 장기적으로 감시하는 수단이 된다.

달의 지진파 잡음 분석은 이 수동적 방법의 흥미로운 사례다. 1972년에 미국의 아폴로 17호는 달 표면에 4개의 지진계를 한 변의 길이가 약 100미터인 삼각형 배열로 설치했다. 이 장치들은 1977년까지 운영되었다. 1976년과 1977년 사이에 36주 동안 지진계 쌍에서 연속적으로 기록된 지진파 잡음의 교차 상관관계를 통해 레일리 표면파의 특성이 확인되었다. 레일리파의 분석으로 표면 근처에서 깊이에 따른 층밀림 파동의 속도 변이를 추정했고, 달의 표토(말하자면, 표면을 덮고 있는 느슨한 물질의 층) 두께에 대한 새로운 정보를 얻었다. 게다가, 유도된 레일리파의 신호 대 잡음 비는 29.5일의 주기로 변했는데, 이는 달의 하루 길이와 같다. 이 주기적인 변화는 태양열에 의해 표면 온도가 섭씨 영하 170도에서 영상 110도로 오르내리기 때문에 일어난다. 온도 기울기가 크면 균열이 일어나고 레일리파가 발생한다.

# 4

## 지진 활동
: 쉬지 않는 지구

**지진**

잠에 빠져 있던 나는 갑작스러운 충격을 느꼈다. 이어 마치 무거운 트럭이 호텔 옆을 지나가듯 몇 초 동안 둔탁한 덜컹거림이 이어졌다. 아내가 소리쳤다. "지진이었어!" 어떻게 그럴 수가 있을까? 무엇보다, 우리는 지진이 자주 일어나는 캘리포니아가 아니라 영국 중부 버밍엄 인근의 작은 마을에 있었다. 그러나 규모 4.7의 작은 지진이 실제로 일어났고, 진원은 약 30킬로미터 떨어진 곳의 지하 14킬로미터 지점이었다. 일상적인 일은 아니었지만, 드문 일도 아니었다.

매년 전 세계적으로 수십만 건의 지진이 발생한다. 그중 대부분은 사람들에게 감지되지 않는데, 그 이유는 효과가 너무 약해서 민감한 계기에만 기록되거나 인구 밀집 지역에서 멀리 떨어진 곳에서 일어나기 때문이다. 하지만 그중 일부는 사람들에게 피해를 입힐 정도로 규모가 크고, 매우 파괴적이다. 지구상에서 지진이 전혀 일어나지 않는다고 가정할 수 있는 곳은 없지만, 대부분의 지진은 잘 정의된 비교적 좁은 지진대에서 발생한다. 지진의 90퍼센트 이상이 지각에서 기원한다. 다시 말해 지진은 단층에서 발생한다. 단층이란 고체 암석 덩어리에 균열이 일어나서 단층면을 사이에 둔 바윗덩어리들이 상대적으로 이동한 것을 말한다. 균열이 일어난 면을 단층면이라고 한다. 단층은 하나 이상의 표면에서 생기기도 하는데, 이때는 단층 구역fault zone이라는 용어를 사용한다.

1906년 샌프란시스코 지진 이후 만들어진 탄성반발모형elastic rebound model은 지진이 어떻게 일어나는지를 설명한다. 탄성 물질은 힘을 주면 변형되었다가 힘이 사라지면 원래 모양으로 돌아가는 방식으로 힘에 반응한다. 그러나 마치 너무 심하게 잡아당긴 용수철처럼, 힘이 너무 커지면 탄성 한계에 도달해 물질이 깨지고 원래대로 돌아갈 수 없게 된다. 탄성반발모형은 캘리포니아 샌안드레아스 단층을 관측한 결과로 나왔지만, 다른 단층에서 일어나는 지진에도 적용할 수 있다. 지각의 응력은 암석들이 서로 접촉하는 단층면을 제외한 다른 부분에서 매년 몇 센티미터의 비율로 단층의 반대편에 있는 암석을 서

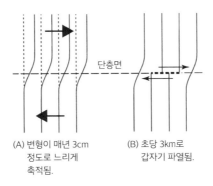

(A) 변형이 매년 3cm
정도로 느리게
축적됨.

(B) 초당 3km로
갑자기 파열됨.

**그림 14** 탄성반발모형은 단층에서 일어나는 지진을 설명한다. 원래 직선이었던 형상(수직
으로 그린 점선)이 단층의 운동에 의해 서서히 변형되다가 파열이 일어난다. 수평
방향의 긴 점선은 단층선을 가리킨다. 짧고 굵은 점선은 파열이 일어난 부위이다.

서히 변형시킨다(그림 14A). 변형strain의 느린 축적은 수년 동안
지속될 수 있으며, 심지어 수백 년 또는 수천 년 동안 축적되다
가 단층의 특정 위치에서 암석이 탄성 한계에 도달하면 부서지
고, 당겼다가 놓은 용수철처럼 되튄다. 이때 억눌려 있던 탄성
변형 에너지가 갑자기 격렬하게 방출되어 지진이 일어난다(그림
14B). 이 에너지는 진원이라고 부르는 파열 지점에서 초속 수
킬로미터의 속도로 전파된다.

지진의 크기를 측정하는 것은 매우 중요하다. 이를 위해서는
지진의 규모magnitude와 진도intensity라는 두 가지 특성을 흔히
이용한다.

## 지진의 크기: 규모

지진의 진도는 파열에 의해 방출되는 에너지를 바탕으로 하는 규모로 나타낸다. 역사적으로, 규모는 리히터 척도Richter scale에 따라 분류되었고, 이것은 지진학자 찰스 리히터Charles Richter가 1930년대에 캘리포니아에서 발생한 지진의 크기를 분류하기 위해 개발했다. 이 척도는 나중에 더 먼 곳에서 일어나는 지진으로 확장되었다. 지진기록은 땅이 흔들리는 여러 가지 진동 운동을 포함하는데, 진동수를 분석함으로써 이것들을 분리할 수 있다. 리히터 척도의 지진 규모를 계산할 때는 대개 주기가 18~22초인 표면파의 진폭을 사용한다. 그러나 매우 큰 지진은 200초에 이르는 훨씬 더 긴 주기의 표면파로도 에너지를 전달할 수 있다. 따라서 리히터 규모는 8.5 이상의 매우 큰 지진의 규모를 과소평가하게 된다.

지진을 점의 진동으로 취급하기는 하지만, 실제로 진원은 단층면의 파열된 영역이다. 지진의 크기는 단층에서 파열된 넓이, 미끄러진 평균량, 파열된 암석의 층밀림 탄성률이라는 세 가지로 결정된다. 이 세 가지 양을 모두 곱한 값을 지진 모멘트seismic moment라고 부른다. 현대의 고속 컴퓨터를 이용하면 지진기록에서 전체 파형 성분들을 분석하고 주기가 긴 진동 성분까지 고려한 지진 모멘트를 계산할 수 있다. 지진 모멘트는 진원의 성질이며, 지진학자들은 이것이 지진의 크기를 가장 정확하게 나타낸다고 생각한다. 이것은 지진의 에너지와 관련되며 '모멘트 규모'를 정의하는 데 사용된다. 이 변수는 대형 지진에 대해서도 포화되지 않으며 큰 지진도 포함할 수 있도록 리히터 척도를 확장한다. 표면파의 규모는 여전히 작은 지진과 중간 정도 지진의 규모를 설명하는 데 사용된다.

지진으로부터 멀리 떨어진 곳에서 주기가 1초쯤인 P파의 진폭에 대해서는 표면파를 이용해 실체파의 규모($m_b$)를 정의하는 것과 비슷한 방법을 사용할 수 있다. 이 방법은 6보다 큰 규모($m_b$)에서 포화된다는 단점이 있지만, 먼 거리에서 일어난 지진의 크기를 처음으로 추정하고 지진과 핵실험을 구별하는 데도 유용하다.

지진에서 방출되는 에너지의 양은 규모로 추정할 수 있다. 예를 들어 규모 6의 지진은 히로시마를 초토화시킨 원자폭탄과 맞먹는 TNT 1만 5000톤의 에너지를 방출한다. 지진에서 방출되는 넓은 범위의 에너지를 다루기 위해, 규모에서는 로그 척도를 사용한다. 규모 1이 커지면 진폭은 10배로 커지고, 방출되는 에너지의 양은 32배로 커진다. 따라서 규모 2의 차이는 에너지 차이가 $32^2$배, 즉 약 1000배에 이른다. 예를 들어 1906년에 일어난 샌프란시스코 지진은 규모 7.9를 기록했고, 그에 비해 기록된 지진들 중 가장 컸던 1960년의 칠레 지진은 진도 9.5여서,

약 250배의 에너지를 방출했다.

1년 동안 전 세계에서 발생하는 지진의 수는 규모가 커짐에
따라 점점 줄어든다. 매년 규모 2 이상의 지진이 약 140만 회쯤
일어나며, 그중 규모 5 이상의 지진은 약 1500회다. 규모 7 이
상으로 매우 피해가 큰 지진은 해마다 다르지만, 1900년 이후
연평균 15~20회 발생했다. 진도 8 이상의 지진은 평균적으로
매년 한 번 발생하지만, 이만큼 큰 지진이 일어나는 간격은 일
정하지 않다. 규모 9의 지진은 같은 해에 발생한 다른 모든 지진
을 더한 것보다 큰 에너지를 방출할 수 있다.

## 지진의 크기: 진도

진도는 지진의 피해와 같은 관측 결과를 바탕으로 지진의 크기
를 정성적으로 측정하는 것이다. 진도는 지반의 안정성과 구조
물의 견고성 같은 지역적 조건에 따라 달라진다. 지진은 진앙으
로부터의 거리와 관측자의 환경에 따라 장소마다 진도가 달라
진다. 지진을 겪은 시민들이 자발적으로 신고한 내용을 지진 관
측소에서 정리하고, 분석가들은 이 자료들을 모아서 각 관찰자
가 있던 곳에서 느낀 지진의 크기에 순위를 매긴다. 진도의 수
치는 지진이 일어났을 때 사람과 건물에 미치는 영향과 관측된

피해 정도를 표준화된 12등급의 진도 계급과 비교하여 구한다. 북미에서는 수정메르칼리진도계급Modified Mercalli Intensity Scale 을 사용하는데, 이 방법의 초기 개척자인 주세페 메르칼리 Giuseppe Mercalli의 이름에서 따온 것이다. 유럽에서는 유럽거대 지진계급European Macroseismic Scale(EMS-98)을 사용하지만, 크기는 매우 비슷하다. 환경지진진도계급Environmental Seismic Intensity Scale(ESI-2007)은 사람이 살지 않는 지역에서 일어나는 매우 큰 지진의 진도를 평가하기 위해 개발되었다. 각각의 방법은 현재 발생하는 지진의 진도를 추정하고 오래된 문서와 기록에 나오는 과거의 지진에 적용할 수 있으므로, 지역의 역사적 지진 활동도를 평가할 수단을 제공한다. 추정된 진도를 위치에 따라 지도에 그려 넣고, 진앙 주변에서 진도가 같은 지역들을 잇는 등진도선 지도isoseismal map를 만들 수 있다. 진도 데이터는 정성적이지만 지진의 전체적인 피해를 설명하는 체계적인 방법을 제공한다. 이것들은 과거의 지진 활동도를 추정하는 유일한 방법이므로, 지진의 위험을 추정할 수 있는 중요한 수단이다.

큰 지진에는 전진前震이 일어날 수 있는데, 이는 본진 직전에 같은 곳에서 일어나는 작은 지진이다. 전진은 응력이 축적되어 주된 파열이 임박했음을 가리킨다. 큰 지진에는 같은 단층이나 근처에서 일어나는 작은 여진이 뒤따르는데, 본진 이후 시간이 지날수록 그 빈도가 줄어든다. 여진은 이미 약해진 구조물을 붕

표 2    유럽거대지진계급(EMS-98) 요약판

| 진도 | 지진이 일으키는 효과에 대한 설명 |
|---|---|
| | **작은 지진부터 중간 정도의 지진까지** |
| I | 느낄 수 없다. |
| II | 거의 느끼지 못함 : 집에서 가만히 있는 몇몇 사람만이 느낀다. |
| III | 약함. 소수의 사람들이 실내에서 진동을 느낀다. 가만히 있는 사람들은 미약한 떨림을 느낀다. |
| IV | 대부분이 느낌: 실내에서는 많은 사람이 진동을 느끼고, 실외에서는 매우 적은 수의 사람들이 진동을 느낀다. 몇몇 사람들은 잠에서 깬다. 창문, 문, 접시가 덜컹거린다. |
| | **중간 정도부터 심각한 지진까지** |
| V | 강함: 대부분의 사람들이 실내에서 느끼고, 소수의 사람들이 실외에서도 느낀다. 자다가 깨는 사람도 많다. 몇몇 사람은 깜짝 놀란다. 건물들이 사방으로 흔들린다. 매달린 물체들이 상당히 흔들린다. 작은 물건들이 이동한다. 문과 창문이 열리거나 닫힌다. |
| VI | 약간의 피해: 많은 사람이 놀라서 밖으로 뛰어나간다. 물체가 떨어지기도 한다. 건물에 가느다란 균열과 같은 경미한 비구조적 손상이 일어난다. 작은 석고 조각들이 떨어진다. |
| VII | 피해가 생김: 대부분의 사람이 놀라서 밖으로 뛰어나간다. 가구가 옆으로 밀리고 선반의 물건들이 떨어진다. 많은 건물이 경미하거나 중간 정도의 피해를 입는다. 벽에 금이 가고, 굴뚝의 일부분이 무너진다. |
| VIII | 큰 피해: 많은 사람이 서 있기 힘들어한다. 대부분의 건물이 손상되고, 벽이 크게 갈라진다. 약한 구조물은 붕괴될 수 있다. |
| | **심각한 지진부터 파괴적인 지진까지** |
| IX | 파괴적: 전체적인 공황. 많은 보통 건물들이 무너지거나 매우 크게 손상된다. 기념물이 무너진다. |
| X | 매우 파괴적: 잘 지어진 많은 건물이 무너진다. 산사태가 일어나고 땅이 갈라진다. |
| XI | 재앙적: 대부분의 건물이 무너지고, 내진 설계가 된 건물조차 무너질 수 있다. |
| XII | 완전히 재앙적: 모든 구조물이 파괴된다. 지형이 영구적으로 크게 바뀐다. |

괴시킬 수 있기 때문에, 심각한 피해를 줄 가능성이 있다.


## 지진의 2차 효과

큰 지진의 일차적인 효과는 격렬한 흔들림 때문에 일어나지만, 2차적인 효과도 똑같이 파괴적일 수 있다. 1906년에 일어난 샌프란시스코 지진의 경우 흔들림에 의해 구조물이 심각하게 손상되었지만, 수도관과 가스관도 파손되었다. 이로 인해 불이 났을 때 불길을 잡을 수 없었고, 도시의 많은 부분이 불에 탔다. 1970년에 페루 해안에서 발생한 진도 7.9의 지진은 직접적으로도 큰 피해를 일으켰지만, 융가이 마을 위에 있는 안데스산맥의 얼음과 바위로 산사태를 일으켰다. 얼음이 녹아 바윗덩어리 아래에서 윤활 쿠션 역할을 한 것으로 추정되며, 바윗덩어리가 시속 300킬로미터의 속도로 마을을 덮쳤고, 7만 명이 목숨을 잃었다.

해양에서 진도 7.5 이상의 지진이 일어나면 물기둥 전체를 위(또는 아래)로 밀어 올려 쓰나미라고 부르는 지진 해일을 일으킬 수 있다. 보통의 파도는 호수, 바다, 대양 표면에서 바람에 의해 일어나며, 물의 상층부 몇 미터에만 영향을 미친다. 이러한 보통의 파도와 다르게, 쓰나미는 바다 전체의 깊이와 관련되며,

중력($9.8m/s^2$)과 수심을 곱한 값의 제곱근과 같은 속도로 진원으로부터 멀어진다. 평균 수심이 3700미터에 달하는 넓은 바다에서 쓰나미는 상업용 제트기의 속도인 약 초속 190미터 또는 시속 700킬로미터의 속도로 이동하지만, 파도가 높지 않기 때문에(겨우 수십 센티미터에 불과하다) 감지하기 어렵다. 그러나 수심이 얕은 곳에 접근하면 뒤따라오는 물 덩어리에 비해 쓰나미의 앞부분이 느려진다. 이로 인해 쓰나미는 육지로 돌진하면서 높아진다.

2004년에 일어난 수마트라-안다만 지진은 규모 9.1~9.3으로 지금까지 기록된 가장 큰 지진 중 하나다. 이 지진은 엄청난 직접적 파괴를 일으켰고, 또한 역사상 가장 큰 피해를 준 쓰나미를 만들었다. 이 재난으로 약 23만 명이 사망했으며, 그들 중 다수는 진원에서 멀리 떨어져 있었지만 쓰나미의 피해로 사망했다. 지진은 인도-오스트레일리아판과 유라시아판의 미얀마와 순다 부분 사이의 경계에서 30킬로미터의 비교적 얕은 깊이에서 발생했다. 길이가 약 1200킬로미터 길이인 단층 부분이 10~15미터까지 미끄러졌다. 이 초기 변위에 의해 대양의 밑바닥이 갑자기 수 미터 들어올려져서 쓰나미가 발생했다. 쓰나미의 파고는 60센티미터에 불과했지만(인공위성으로 관찰했을 때), 해안으로 올라왔을 때는 30미터에 달했다. 스리랑카와 인도의 수마트라에서 많은 사람이 쓰나미로 목숨을 잃었다. 진원에서

8000킬로미터 떨어진 남아프리카의 포트엘리자베스에서도 두 명이 익사했다. 비슷한 재난으로, 2011년 도호쿠 지진의 쓰나미는 일본의 해안 방어막을 휩쓸어버렸고, 지역사회를 파괴했으며, 후쿠시마 원전을 손상시켰다. 전 세계 지진의 약 90퍼센트와 화산의 75퍼센트가 '불의 고리'라고 부르는 환태평양 화산대에서 발생한다. 태평양 주변에 조기경보시스템이 설치됐을 정도로 이 지역들에 쓰나미가 자주 발생하지만 수마트라 지진 당시에 인도양에는 이런 시스템이 존재하지 않았다.

## 진앙의 위치와 전 지구적 지진 활동도

진앙에서 지진 관측소가 멀어질수록 지진파의 이동 시간은 길어진다. 진앙으로부터의 거리에 대해 P파의 이동 시간을 그리면 곡선이 되며, 더 느린 S파에 대해서도 비슷한 곡선이 나온다. 진앙의 거리가 증가함에 따라 P파와 S파의 이동 시간 곡선의 분리가 증가한다(그림 10). 가까운 곳에서 일어나는 얕은 지진에 대한 P파와 S파의 도착 시간 차이를 시간 축에 대해 그리면 직선이 된다. 이 직선이 시간 축과 만나는 점이 지진이 일어난 시간이다. 지진파의 속도는 깊이에 따라 달라지기 때문에 파동이 이동한 경로에 따라 달라진다. 속도-깊이 프로필은 잘 알려져 있고, 따라서 P파와 S파가 도착하는 시간 차이로 진앙에서 지진 관측소까지의 거리를 계산할 수 있다. 진앙은 지진 관측소를 중심으로 진앙 거리를 반지름으로 하는 원 위에 있어야 한다. 지진이 기록된 모든 지진 관측소에 이 논리를 적용하면 서로 교차하는 여러 개의 원을 얻는다. 진앙은 이 원들의 공통 교차점에 있다. 원들이 한 점에서 정확히 교차하지 않고 작은 다각형이 만들어지는 경우도 많다. 이 다각형의 중심을 진앙으로 보거나, 더 자세한 처리를 통해 중심을 결정할 수 있다. 다각형이 생기는 이유는, 지진파가 진앙이 아니라 진원에서 출발해 지진기록기로 이동하기 때문이다.

실제로, 지구가 균질적이지 않고 타원형이기 때문에 이 과정은 더 복잡해진다. 지진의 위치를 최초로 추정한 뒤에, 이 위치에서 지진 관측소까지의 이동 시간을 계산하고, 측정된 시간과 비교한다. 지진의 위치를 조정하고 계산을 반복하며, 이동 시간의 불일치가 최소화될 때까지 이 과정을 반복한다. 이 방법을 전진 모형화forward modelling라고 부르는데, 지질학적 모형과 측정된 데이터를 일치시키는 중요한 기술이다.

세계적인 지진 분포 지도는 10만 회 이상의 지진에 대한 진앙과 진원의 깊이를 바탕으로 작성되었다. 지진의 전 지구적 분포는 균일하지 않다(그림 15). 대부분의 진앙은 비교적 좁은 지역에 몰려 있으며, 그중에는 활화산인 곳도 있다. 천발 지진

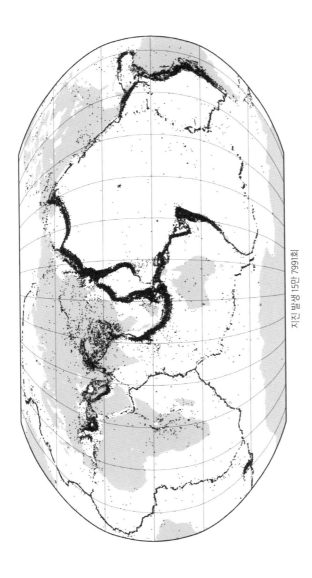

지진 발생 15만 7991회

**그림 15** 1960~2013년 사이에 발생한 지진 15만 7991회의 진앙 분포. 이 지진 활동도는 지구 전체에서 판의 가장자리를 표시한다. 진앙은 국제지진센터((ISC))가 EHB 알고리듬을 이용하여 결정한 것이다.

shallow-focus earthquakes이 자주 일어나는 지역은 해저 산맥에 의해 형성된 해령과 일치하며, 지진 빈도가 비교적 낮은 지중해, 중동, 히말라야를 거쳐 중국 북부까지 뻗어 있다. 지구에서 지진 활동이 가장 활발한 지역은 태평양의 가장자리에 뚜렷하게 띠를 형성하고 있으며, 남아시아를 둘러싸는 지대와 인접해 있다. 어떤 곳에서는 지진의 깊이 분포가 수백 킬로미터 아래의 맨틀까지 확장되기도 한다. 지진학자 키유 와다티Kiyoo Wadati와 휴고 베니오프Hugo Benioff는 태평양 주변의 지진을 대륙 가장자리에 수직인 단면에 그리면 두께 수십 킬로미터의 지진대가 나타나며, 30~60도의 각도로 내려가고 700킬로미터 깊이에 도달한다고 독립적으로 언급했다. 처음에 이 지진대는 상부의 판 아래로 내려간 '거대 단층'이 움직이는 증거로 해석되었다. 나중에 지진학자들은 암권의 경사진 평판이 맨틀의 섭입대 안으로 섭입(끌려 들어가는 것)하면서 생기는 응력에 의해 지진이 발생한다는 것을 알아냈다.

지진의 전 세계적인 분포는 판의 경계를 분명히 보여준다(그림 16). 1960년대 후반에 지진 활동도의 패턴은 주요 판(태평양, 남아메리카, 북아메리카, 나스카, 유라시아, 아프리카, 오스트레일리아-인도, 남극 대륙)과 카리브해, 코코스, 후안데푸카, 스코티아, 필리핀 판과 같은 소수의 작은 판minor plate을 묘사했다. 그 뒤에 더 작은 판들과 초기 판의 경계일 수 있는 지진 확산 지역이 알려졌

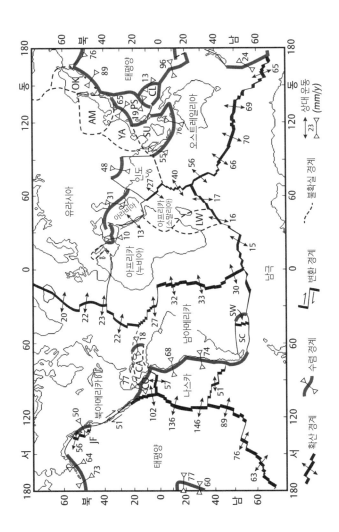

**그림 16** 지구 전체 암권의 주요 판. 판 이름의 약자는 다음과 같다. CA: 카리브해, CO: 코코스, JF: 후안데푸카, SC: 스코티아, SW: 샌드위치, LW: 로윌름, OK: 오호츠크, AM: 아무르, YA: 양쯔, SU: 순다랜드, PH: 필리핀해. 면적이 10⁶제곱킬로미터 미만인 미소한 판들은 표시되지 않았다.

80

다. 동아프리카 지구대는 수천 킬로미터 길이의 열곡으로, 지진 활동, 활화산, 휴화산을 특징으로 한다. 그 길이를 따라 원래의 아프리카판은 매년 6~7밀리미터의 속도로 서쪽의 누비아판과 동쪽의 소말리아판으로 분리되고 있다. 전 지구적인 판의 운동을 분석한 결과, 조금 불분명하지만 이전의 유라시아판 동쪽 가장자리는 오호츠크, 아무르, 양쯔, 순다랜드로 표기되는 4개의 작은 판으로 구성되어 있을 수 있다. (그림 16에 나와 있지 않은) 많은 작은 판들도 제안되었다.

판의 가장자리에서 일어나는 상대적인 운동은 판 내부의 응력 상태 변화와 함께 세계에서 일어나는 대부분의 지진 활동의 원인이다. 판의 지리학적 내부에서 일어나는 지진은 매우 드물다. 이것은 판의 이전의 움직임으로 과거를 재구성할 때 판을 강체로 취급하는 근거가 된다. 그러나 판 내부에서도 큰 지진이 일어나는데, 1811년부터 1812년까지 미국 미주리주 뉴마드리드에서 발생한 일련의 지진이 대륙 한가운데에서 일어난 지진의 예다. 역사 기록을 바탕으로 진도를 추정했을 때, 이 지진에서 가장 큰 충격은 모멘트 규모 7.5~8로 여겨진다. 이 지진은 미국 동부에서 발생했다고 알려진 것 중에서 가장 큰 지진이다. 판의 내부에서 발생한 지진으로는, 2001년에 가장 가까운 판 경계로부터 300킬로미터 이상 떨어진 인도 구자라트주에서 발생한 리히터 규모 7.7의 지진이다. 이 지진은 메르칼리진도계급

10에 해당하는 극심한 피해를 입혔고(표2 참조), 20만 명이 사망하고 가옥 40만 채가 파괴되었다.


## 단층면해와 진원 메커니즘

지진기록에서 P파의 최초 도착은 단층의 유형과 지진 관측소와 진원의 지리적 위치에 따라 상향일 수도 있고 하향일 수도 있다. 그림 17은 기울어진 단층면에서 발생한 가상 지진의 진원을 통과하는 수직 단면이다. 이 지진의 진앙은 지진이 발생한 곳 바로 위의 점 E다. 이 경우, 이 평면 위의 땅이 갑자기 위로 올라간다. 땅 밑의 평면이 아래쪽으로 움직일 때도 동일한 상대 운동이 일어난다. 이렇게 해서 생겨난 땅의 운동에 의해 회색 영역이 압축되고 회색이 아닌 영역은 확장(또는 팽창)된다. 그 결과로, 지표 C에 있는 지진 관측소에 기록되는 운동은 위쪽 방향이고, D에서 초동初動은 하향이다. 압축 영역(회색)과 팽창 영역(흰색)은 진원에 직각인 보조면에 의해 분리된다. 각 압축 영역에서 P파의 진폭은 단층면에 대한 방위각에 따라 달라진다. P파의 진폭은 단층면과 보조면에서 0이고, 두 평면 사이의 각을 이등분하는 45도에서 최대가 된다. P파의 초동이 최대이면서 진원에서 멀어지는 방향을 T축이라고 부른다. T축은 (회색의) 압축 사

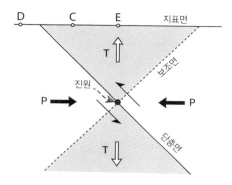

**그림 17** 역단층에서 일어난 가상의 지진 단층면의 수직 단면. 진원 바로 위의 점 E가 진앙이다. 단층면에 수직이고 진원에서 단층면과 교차하는 면을 보조면이라고 한다. P와 T는 각각 압축 변형과 팽창 변형이 최대가 되는 축이다.

분면 가운데에 있다. 비슷하게, 초동이 최대이면서 진원 쪽을 향하는 방향을 P축이라고 한다. P축은 (흰색의) 팽창 사분면의 중간에 있다.

따라서 진원 근처에 분포한 지진기록기에 기록된 초동은 단층면의 변위에 대한 정보를 제공한다. 깊이에 따른 P파의 속도 변화는 잘 알려져 있으므로, 처음 도달한 지진파를 역추적해서 이 지진파가 진원을 떠날 때의 각도를 알아낼 수 있다. 이 방향을 입체 사영stereographic projection으로 그릴 수 있는데, 이 방법은 구형 분포를 2차원 그래프로 변환하는 기하학적 방법이다. 이 그래프를 진원 메커니즘 투영 또는 단층면해fault plane solution라고 부른다. 이 그림에서 단층면과 보조면은 서로 90도를 이루는 호로 나타나고, 최초의 운동이 압축인 영역을 회색으로 나타낸다. 단층면해만으로는 어떤 것이 단층면이고 어떤 것이 보조면인지 식별할 수 없다. 이것을 식별하려면 초점의 위치와 주변의 지질학적 구조에 관련된 별도의 증거가 필요하다.

발생한 단층 작용의 유형은 진원 메커니즘 도형의 모양으로 추론할 수 있다(그림 18). 주향단층에서는 움직임이 수평이므로 압축과 확장 사분면이 수평면에 놓여 있다. 회색 부분은 원형입체도circular stereogram에서 대칭을 이룬다. 정단층에서는 단층의 상부가 하부에 대해 상대적으로 아래로 미끄러진다. 최초의 운동이 압축 영역인 회색 부분은 입체도의 가장자리에 있다. 역단층에서는, 상부가 하부에 대해 위로 이동한다. 초동의 압축 영역은 가운데이고, 확장 영역은 가장자리에 있다. 수평 단층 운동이 두 수직 단층 운동 중 하나와 결합하는 더 복잡한 단층 운동은 더 복잡한 진원 메커니즘 도형을 만든다. 지진기록의 초동 분석에 따른 진원 메커니즘의 해석은 지진이 일어나는 동안 발생하는 단층 작용의 유형과, 지각과 암권 사이의 응력 체계를 이해하는 데 중요한 도구임이 입증되었다. 이것은 판의 가장자리에서 활동이 일어나는 과정을 이해하는 열쇠다.

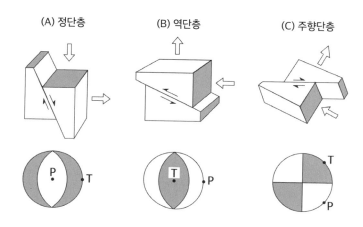

**그림 18** 단층의 세 가지 주요 유형에서 지진을 위한 P축과 T축의 진원 메커니즘 및 방향.

## 판 경계에서 일어나는 지진

그림 19는 대서양 중앙 해령에서 일어난 지진 단층면해의 사례다. 초동 패턴은 해령에서 일어나는 지진이 정단층이며, 수평 T축이 해령이 뻗은 방향에 대해 수직임을 보여준다. 이것은 지각의 응력이 해령의 지각이 벌어지도록 끌어당기고 있음을 나타낸다. 맨틀 깊은 곳의 마그마가 이곳에서 지표면으로 올라오면서 해양 지각이 상승하고 해령을 형성하며, 이 과정에서 해양 지각이 늘어나고 갈라진다. 마그마는 굳어지면서 확장되는 해령의 양쪽으로 암권 판의 가장자리를 계속해서 새롭게 만든다.

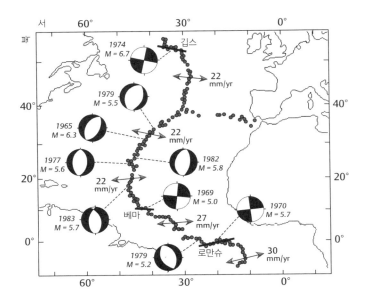

**그림 19** 대서양 중앙해령과 깁스, 베마, 로만슈 변환 단층에서 일어나는 지진의 단층면해. 화살표는 상대적인 운동 방향과 함께 판의 분리 속도를 연간 밀리미터(mm/yr) 단위로 보여준다.

해령에서 일어나는 과정을 해저 확장sea-floor spreading이라고 부르며, 판의 가장자리를 판의 발산 경계 또는 생성 경계라고 부른다.

지중해, 히말라야 지역, 태평양 주변의 지진 활동도는 산맥, 심해의 해구, 호상열도의 존재와 관련이 있다. 지진의 깊이 분포와 단층면해는 해령에 작용하는 것과는 다른 지각의 과정이 작용한다는 것을 나타낸다. 해구는 해양판이 인접한 밀도가 낮은 판 아래로 자신의 무게에 의해 끌려 들어가는 곳을 따라 형성된다. 섭입 과정은 판의 수렴 경계 또는 소멸 경계를 형성한다. 인접한 판이 대륙 암권이거나 생성 시기가 오래되지 않은 해양 암권일 때 섭입이 일어날 수 있다. 지진의 진원 메커니즘은 섭입하는 판의 응력 상태를 보여준다.

해양판이 섭입할 때는 밀도가 낮은 인접한 판 아래로 내려가기 위해 아래로 휘어져서 심해 해구를 형성한다. 이 길고 좁은 지형은 바다에서 가장 깊은 지역이며, 깊이가 10킬로미터가 넘는 곳도 있다. 섭입하는 판의 얕은 부분에서의 진원 메커니즘은 정단층 유형이고(그림 18A), 판의 상부 표면이 확장된 것을 나타낸다. 휜 판의 이 부분 아래에서 수평 압축을 일으켜 역단층 메커니즘의 지진을 일으킨다. 섭입하는 판과 위쪽 판 사이의 경계면에서는 큰 역단층(또는 충상단층thrust)이 형성될 수 있다(그림 18B). 이런 지진은 극단적으로 크기 때문에 메가스러스트 megathrust라고 부른다. 리히터 규모 9 이상의 모든 역사적인 지진은 섭입대의 메가스러스트에서 발생했다.

섭입하는 암권은 밑에 있는 약권보다 온도가 낮고 밀도가 높으며, 약권으로 가라앉는다. 맨틀의 더 깊은 곳은 내려가는 슬래브보다 더 단단하므로 이 움직임에 저항하여 슬래브 내부에 압축 상태를 일으키는데, 이는 중발 지진이나 심발 지진의 진원 메커니즘에서 확연히 드러난다.

판의 발산 경계와 수렴 경계 외에도 판이 생성되거나 파괴되지 않고 서로 지나가는 세 번째 경계 유형이 있다. 이러한 보존 경계는 수렴 경계 또는 발산 경계가 결합된 것이다. 1965년에 캐나다의 지질학자 존 투조 윌슨John Tuzo Wilson은 이 경계를 판구조론과 관련된 새로운 유형의 단층이라고 인지하고 변환 단층transform fault이라고 불렀다. 변환 단층은 과거의 확장된 역사를 보여주는 해양 지각의 긴 파쇄대fracture zones와 관련된다. 변환 단층은 파쇄대 중에서 현재 활동 중인 부분이며, 얼핏 보기에 변류 단층transcurrent fault과 같아 보인다(그림 20A). 그러나 변류 단층에서는 지진이 긴 방향으로 미끄러지면서 발생하며, 길게 쪼개진 두 분절의 이격offset은 시간에 따라 증가한다. 반대로 변환 단층(예를 들어 확장 해령)의 지진 활동은 해령의 분절에서 활성 구역에서만 발견된다(그림 20B). 두 분절 사이의 거리는 변하지 않으며, 활성 변환 단층 바깥의 파쇄대에서는 지진이 일어나지 않는다. 변환 단층의 상대 운동은 변류 단층과 반대이다. 변환 단층은 분절들이 서로 멀어지는 방향에 의해 제어되기 때문이며, 이는 두 가지 유형의 단층에서 나타나는 단층면해로 확인된다. 그림 19는 대서양 중앙해령 파쇄대의 변환 단층에서 일어난 지진의 진원 메커니즘의 사례다. 섭입대가 만나는 판의 경계에서도 비슷한 상황이 발생할 수 있다. 예를 들어, 뉴질랜

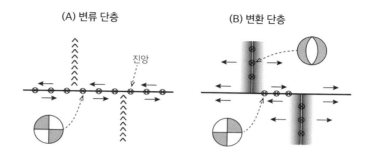

(A) 변류 단층

(B) 변환 단층

진앙

**그림 20** 주향 이동 단층의 지진 활동도, 단층면해, 상대적인 수평 운동. (A) 긴 형태의 분절
들의 이격에 의한 변류 단층. (B) 판의 발산 경계의 변환 단층과 인접한 분절.

드 남섬의 알파인 단층은 태평양판과 인도-오스트레일리아판
의 섭입대가 이격한 데 따른 변환 단층이다.

지구의 구형 표면에서 일어나는 판의 이동은, 기하학적으로
구의 중심을 통과하는 축을 중심으로 판이 회전하는 것과 같다.
변환 단층과 그와 관련된 파쇄대는 판구조론에서 중요한 역할
을 하는데, 인접한 두 판의 상대적인 회전의 극을 찾는 데 사용
될 수 있기 때문이다. 이 회전의 극을 오일러 극Euler pole이라고
부른다. 기하학적으로 원의 반지름은 원의 둘레에 대해 수직이
며, 주어진 원의 모든 반지름은 중심에서 만난다. 비슷하게, 확
장 해령의 변환 단층들에 수직으로 그린 대원들(자오선)은 인접
한 판들의 상대적 회전의 오일러 극에서 교차한다. 따라서 구형
인 지구 표면에서 약권 판의 움직임은 오일러 극에 대한 회전으

로 볼 수 있다. 3개의 판이 만나는 곳인 삼중 교차점에서는 중요한 경계 조건을 얻을 수 있다. 세 가지 유형의 판 경계(해령, 해구, 변환 단층)의 조합으로 가능한 여러 가지 삼중 교차점이 나올 수 있으며, 인접한 판들이 움직여도 기하학적 구조가 유지되는 경우는 많지 않다. 유라시아판, 아프리카판, 북미판이 만나는 북대서양 아조레스제도는 안정적인 삼중 교차점의 예다.

## 지진 감시와 예보

1996년에 포괄적 핵실험 금지조약이 국제연합United Nation(UN) 다수 회원국에 의해 채택되었다. 소수의 회원국은 서명 또는 비준을 거부했다. 지진학자들은 조약 준수를 감시하는 데 중요한 역할을 한다. 전 세계의 지진 관측망은 땅이 흔들리는 모든 사건을 기록한다. 지진과 폭발의 특성이 다르기 때문에 둘을 구분할 수 있다. 진원의 깊이가 초기 단서를 제공한다. 지진의 진원 깊이는 수십 킬로미터에서 수백 킬로미터가 될 수 있다. 지하로 가장 깊이 파고 내려가서 핵실험을 수행한다고 해도 지표면 근처에서 폭발이 일어난다. 두 번째로, 지진의 초동은 단층 유형에서 '비치볼' 패턴(그림 18)을 보이는 반면에, 폭발로 인한 초동은 폭발점 주변에서 모든 방향의 지진기록이 위쪽을 향한다. 세 번째로, 폭발로 인한 P파가 자유 표면이나 지하의 불연속면에 영향을 주어 층밀림 파동(그림 7)을 일으킬 수 있으며, 이는 결국 S파와 표면파로 기록된다. 그러나 단주기(1초) P파에 의해 전달되는 에너지 대 장주기(20초) 표면파에 의해 전달되는 에너지의 비율(즉, 실체파 규모 $m_b$ 대 표면파 규모 $M_s$의 비율)은 지진보다 폭발에서 더 크다.

최근에 지진학자들은 단층의 운동이 항상 파괴적인 지진을 초래하지는 않는다는 사실을 발견했다. 새로운 종류의 '느린 지진'이 발견된 것이다. 이는 단층이 천천히 미끄러질 때 일어나며, 축적된 탄성 에너지가 보통의 '빠른' 지진처럼 갑작스럽게 방출되지 않고 천천히 방출된다. '느린 지진'의 원인은 아직 밝혀지지 않았다.

지진은 인구, 재산, 자연환경에 심각한 위험이다. 지진의 발생을 예보하기 위해 많은 노력을 기울였지만, 여전히 일반적인 성공을 거두지는 못했다. 동물의 비정상적인 행동과 특이한 자연현상에 대한 정성적 관찰은 지진이 임박했다는 지표로 해석되어 왔으며, 특히 지진 위험이 높은 지역이 많은 중국에서 그러하다. 그러나 이러한 전조 현상들은 엄격하게 평가할 수 없으며, 지진 예보에 유용하지 않다. 성공적인 예보를 위해서는 지진이 언제 어디서 일어날지, 그리고 지진의 크기가 얼마나 될지를 신뢰성 있게 추정해야 한다. 이 문제에는 과학과 정치가 얽혀 있다. 인원과 물자의 운송은 어려울 뿐만 아니라 막대한 비용이 들기 때문에, 책임 있는 당국은 위험에 처한 지역사회를 언제 대피시켜야 하는지 매우 정확하게 알아야 한다.

과학자들은 지진이 언제 일어날지 예보하기보다 지진이 어디에서 일어날 수 있는지 평가하는 데 더 많은 진전을 이루었다. 지각의 국지적 응력이 암석의 한계점을 초과하는 곳이라면 어디든 피해를 주는 지진이 일어날 수 있지만, 이런 일이 일어날 가능성이 가장 높은 활동적인 지진대는 좁게 형성되어 있다(그림 15). 불행히도 많은 인구 밀집 지역과 대도시가 지진이 가장 활발한 지역에 있다. 지진대 안에는 지속적으로 활동하지 않고, 한동안 지진이 일어나지 않은 간극도 있다. 지진 간극 이론 seismic gap theory에 따르면, 단층의 이 고요한 부분들은 미래에 지진이 일어날 가능성이 가장 높은 장소다. 그러나 지진 발생에 대한 통계적 평가가 이를 뒷받침하지 않기 때문에, 지진학자들은 이 관점을 보편적으로 받아들이지 않는다.

단층에 지각의 응력이 천천히 쌓이는 것을 막을 수는 없지만, 계속 관찰할 수는 있다. 레이저를 이용하는 민감한 거리 측정 기술은 단층의 한쪽이 다른 쪽에 비해 느린 수평 포행creep(단층이 응력을 받아 느리게 지속적으로 움직이는 것―옮긴이)을 하는 것을 감지할 수 있다. 위성 측지 기술은 우주에서 위험한 활성 단층 운동을 관찰할 수 있다. 지진 관측소들로 이루어진 네트워크는 작은 지진들을 감시하여 전진을 식별하고 빈도와 진도의 증가를 탐지할 수 있다. 이러한 과학적·기술적 진보에도 불구하고 지진이 언제 어디서 일어날지, 얼마나 클지 신뢰성 있게 예보하는 것은 아직 불가능하다.

**5**

## 중력과 지구의 모양

**중력의 작용, 지구의 모양, 중력**

약 2500년 전에 피타고라스Pythagoras는 그때까지의 일반적인 생각과 달리 지구가 평평하지 않고 구라고 추측했다. 기원전 240년에 그리스의 학자 에라토스테네스Eratosthenes는 하지에 태양이 뜨는 각도를 알고 있던 이집트의 두 장소 사이의 거리를 측정해서 지구의 둘레를 추정했다. 1671년에는 한 프랑스 천문학자가 위도의 길이를 정확히 측정하여 지구의 반지름이 6372킬로미터라고 추정했다. 현대의 측정값은 6371킬로미터다! 아이작 뉴턴은 지구의 자전으로 구가 자전축에 대해 편평해질 것이라고 바르게 추측하는 이론을 내놓았고, 편평해지는 양이 약 0.4퍼센트에 이를 것으로 예측했다. 18세기 프랑스 과학자들이 측정한 결과는 적도 부근의 위도 1도의 길이가 극지방보다 짧았고, 이는 뉴턴이 예측한 대로 지구가 편평해졌을 때 기대되는 결과였다. 추정된 편평한 양은 0.3퍼센트여서, 뉴턴의 예측보다 조금 작았다. 실제로 지구의 모양이 구와 아주 조금 차이가 나는 이유는 지구가 자전하기 때문이며, 이것은 매우 중요한 특성이다. 지구가 완전히 구가 아니기 때문에 지구의 모든 곳에서 중력값이 조금씩 달라지며, 천체들의 중력에 의해 지구의 자전이 영향을 받는 방식도 달라진다.

뉴턴의 보편 중력의 법칙을 방정식으로 쓰면, 이 방정식은 중력 상수 G를 정의하게 된다. 이 중요한 물리적 상수는 중력이 여타 기본적인 물리적 힘보다 약하기 때문에 측정하기가 매우 어렵다. 현대의 중력 상수값은 $6.67408 \times 10^{-11} \mathrm{m}^3/\mathrm{kg/s}^2$이다. 이 측정의 상대적 오차는 100만 분의 47이다. 이것은 대부분의 물리 상수들보다 훨씬 부정확한 값이며, 다른 물리 상수들은 적어도 수천 배 더 정확하게 알려져 있다. 그러나 중력 상수와 지구 질량의 곱은 10억 분의 몇 정도로 더 정확하게 알려져 있다. 마찬가지로, 중력 상수와 다른 행성들의 질량의 곱도 정확하게 알려져 있다. 대부분의 지구물리학 연구에서는 뉴턴의 중력 이론으로 충분히 문제를 해결할 수 있다. 그러나 끌어당기는 물체가 매우 무겁거나 서로 가까이 있으면, 아인슈타인의 일반상대성 이론을 사용해야 한다. 예를 들어, 태양 주위를 도는 수성의 궤도를 설명하려면 일반상대성 이론을 써야 한다.

　지구의 모양은 지축을 중심으로 하는 자전에서 발생하는 원심력에 의해 변형된다. 우리의 일상적인 경험에서 매우 익숙한 이 힘은 관성력이라고 부른다. 관성이란 운동 상태의 변화에 대해 물체가 저항하는 것을 말한다. 자동차가 코너를 돌 때, 관성에 의해 차에 탄 사람에게는 계속 직선 방향으로 가려는 힘이 작용한다. 자동차 내부와의 접촉에 의해 사람을 코너의 곡률 중심 쪽으로 미는 힘이 작용한다. 사람을 차 안에 있게 하는 이 힘이 구심력이다. 사람이 차에 가하는 힘과 크기가 같고 방향이 반대인 힘은 원심력이다. 차 문을 열고 안쪽으로 향하는 힘을 제거하면, 원심력에 의해 사람이 차 밖으로 밀려날 것이다. 같은 방식으로, 자전하는 지구는 자전축과 수직으로, 축에서 멀어지는 방향으로 원심력을 받는다. 이 힘은 중력의 끌어당기는 힘의 극히 일부분(약 0.3퍼센트)이지만, 지구의 모양과 자전에 큰 영향을 미친다.

　지구는 원심력에 의한 탄성 변형 때문에 극 방향으로 납작해진다(그림 21). 지구는 이 변형에 의해 자전축을 기준으로 대칭적인 모양이 된다. 이 형태를 회전 편평 타원체 또는 편평구라고 한다. 지구물리학자들은 이것을 수학적으로 정의된 지구의 이상적인 모양으로 사용하며(예를 들어, 중력의 이론적인 값을 계산하기 위해), 이것을 기준 타원체라고 부른다. 기준 타원체의 적도

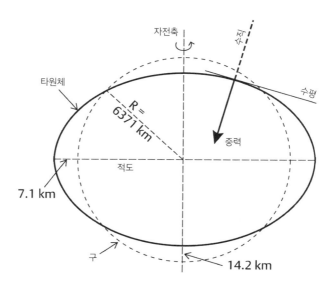

자전축

타원체

수직

R =
6371 km

수평

중력

적도

7.1 km

구

14.2 km

**그림 21** 회전 타원체와 같은 부피를 가진 구의 비교. 지구의 반지름, 극에서의 차이, 적도에
서의 차이를 표시했다(가로와 세로의 비는 과장되게 그렸다). 중력은 중심을 향하는
방향이 아니라 지표면에 수직인 방향으로 작용한다는 점에 주의하라.

반지름(6378.14킬로미터)은 극 반지름(6356.75킬로미터)보다
21.39킬로미터 더 크다. 이 차이를 극 반지름으로 나눈 값을 편
평률flattening이라고 부르는데, 298.257분의 1(약 0.3퍼센트)이다.
지구와 같은 부피를 가진 구의 반지름은 6371.0킬로미터다. 이
것이 완전히 구형인 지구의 반지름 값으로 사용된다.

힘에 대해 설명할 때는 그 힘이 만드는 가속도로 말하는 것이
좋다. 가속도는 속도의 변화율이다. 주어진 질량을 가진 물체에

힘이 작용하면, 가속도는 한 단위의 질량이 받는 힘과 같다. 예를 들어 질량이 100킬로그램인 어른은 10킬로그램인 어린이보다 10배 더 무겁지만, 둘 다 똑같은 중력가속도를 경험한다. 중력가속도는 지구의 성질이다. 중력가속도와 원심 가속도는 방향이 다르다. 중력가속도는 지구 중심을 향해 안쪽으로 작용하지만, 원심 가속도는 자전축에서 바깥쪽으로 작용한다. 지구의 중력은 이 두 가속도를 결합해서 나오는 값이다. 중력의 방향은 그 지역의 수직 방향(다림줄을 내렸을 때의 방향)을 정의하며, 따라서 수평면도 함께 정의한다. 두 가속도 성분의 방향이 다르기 때문에, 중력이 지구의 중심을 향하는 경우는 드물다. 중력은 극과 적도에서만 정확히 지구의 중심 방향으로 작용한다.

비슷한 이유로 중력의 값은 위도에 따라 달라진다. 이 변이에는 두 가지 이유가 있다. 첫째, 원심 가속도는 적도에서 최대가 되고 중력의 방향과 정반대로 바깥쪽으로 작용하여 적도의 중력을 감소시킨다. 한편으로, 극 위에 있는 관찰자는 자전축 바로 위에 있기 때문에 원심 가속도가 0이고, 따라서 극에서 중력은 중력가속도와 완전히 같다. 둘째, 지구의 모양이 약간 평평하기 때문에 극의 지표면은 질량 중심에 더 가까워서, 중력이 끌어당기는 힘이 더 커진다. 부풀어 오른 적도 부분은 질량이 반대로 작용해서 중력이 조금 커진다. 최종적인 결과는, 적도보다 극지방에서 중력이 약 0.5퍼센트 더 커진다.

## 지구 표면의 중력과 깊이에 따른 변이

중력을 측정하는 데 사용되는 장치는 중력계gravimeter다. 흔히 사용하는 두 가지 유형은 한 지점에서 중력의 절댓값을 측정하는 방법, 위치 또는 기준 측점에 대한 중력의 변화를 측정하는 방법이 있다. 절대 중력계는 진공 속에서 떨어지는 무거운 물체의 가속도를 직접 측정한다. 이 방법을 변형해 물체를 위로 던진 다음에 올라갈 때의 가속도와 낙하할 때의 가속도를 측정하기도 한다. 낙하하는 물체의 위치는 레이저 간섭계로 감지하고, 낙하 시간은 원자시계로 측정한다. 중력 탐사에 가장 많이 사용하는 장비는 상대 중력계다. 원리적으로, 이 장치는 기준 측점과 중력의 변화에 따라 탄성 용수철이 늘어나는 길이의 차이를 측정한다. 탄성 용수철은 이미 알려진 절대 중력값의 기준 측점을 미리 보정해둔다. 상대 중력계는 민감도를 높이기 위해 특수하게 제작된 용수철을 사용하는데, 이 용수철은 석영이나 금속으로 만들고, 온도 조절이 가능한 진공함 속에 설치한다. 이 장치는 중력이 조금만 변해도 용수철이 늘어나는 길이가 크게 변한다.

절대 중력의 값은 위도와 고도에 따라 달라진다. 기준 타원체의 이론적인 값은 매우 정확하게 알려져 있다. 이것은 타원체의 표면에 대해 수직 방향이기 때문에, 수직 중력이라고 부른다.

수직 중력의 기준 공식은 적도의 정확한 중력 기준값을 바탕으로 모든 위도에 대해서 유도되었다. 중력을 측정하는 지구물리학적 단위는 갈Gal(갈릴레오의 이름을 따른 것이다)이고, 이것은 $1cm/s^2$로 정의된다. 그러나 이 단위는 지구물리학에서 그대로 사용하기에는 너무 크다. 중력 지도를 작성할 때 흔히 사용하는 단위는 갈의 1000분의 1인 밀리갈mGal($10^{-3}cm/s^2$)이다. 중력계는 매우 민감한 장치이며, 현대의 지구물리학 탐사에 사용하는 휴대용 상대 중력계는 밀리갈보다 1000배 더 작은 마이크로갈($10^{-6}cm/s^2$) 단위의 작은 중력 차이를 측정할 수 있다. 새로운 세대의 중력계는 초전도 기술을 사용하여 나노갈($10^{-9}cm/s^2$) 단위의 측정 민감도에 도달했다. 이는 지구 표면 중력의 1조 분의 1($10^{-12}$)에 해당한다.

측정된 중력값과 지구 반지름을 중력 상수와 함께 사용하면 지구의 질량과 부피를 구할 수 있다. 이 숫자들을 결합해서 얻은 지구의 평균 밀도는 $5515kg/m^3$이다. 지구 표면에 있는 암석의 평균 밀도는 이 값의 절반에 불과해서, 지하로 내려가면서 깊이에 따라 밀도가 증가해야 함을 의미한다. 이것은 18세기와 19세기 초에 지구의 크기와 모양에 관심이 있는 과학자들에게 중요한 발견이었다. 층 구조를 이루는 지구(그림 11)에서 깊이에 따른 밀도 변이는 나중에 P파와 S파의 지진파 속도를 해석하고 자유 진동을 분석함으로써 밝혀졌다.

지구가 구형이라고 보고 간략하게 계산해보면, 지하에 있는 지점에서는 그 깊이보다 위쪽에 있는 층에 의한 전체 중력의 기여가 0이다. 다시 말해 지구의 어떤 깊이에서든 중력가속도는 오로지 그 깊이에서 지구 중심 사이에 있는 물질의 질량 때문에 생긴다. 그러므로 위쪽의 물질을 무시하고, 아래쪽의 밀도-깊이 프로필을 사용하여 지구의 깊이에 따른 중력의 변화를 계산할 수 있다. 계산에 따르면, 중력은 지구 표면의 약 $9.8 m/s^2$에서 시작해서 아래로 내려갈수록 증가하다가 핵-맨틀 경계에서 약 $10.7 m/s^2$에 이르고, 그다음부터는 거의 선형적으로 감소해서 지구 중심에서 0이 된다.

지구 내부에서 압력은 위쪽에 있는 지층의 무게로 인해 깊이에 따라 증가하며, 깊이에 따른 압력 프로필은 밀도와 중력의 깊이 프로필을 결합하여 계산할 수 있다. 이 방법으로 계산한 결과에 따르면 지구 중심부의 압력은 약 360기가파스칼(GPa)로 추정된다. 파스칼Pascal은 압력의 물리적 단위다. 해수면에서 대기압은 10만 파스칼에 가깝고, 지구 중심부의 압력은 대기압보다 약 360만 배 더 크다.

## 기준 타원체와 지오이드

물체의 위치 때문에 물체가 가지고 있는 에너지를 퍼텐셜 에너지라고 한다. 수영장의 수면에서 10미터 위에 있는 다이빙 보드에 서 있는 사람은 그 높이에 의해, 수면에서 5미터 위에 있을 때보다 더 큰 퍼텐셜 에너지를 갖는다. 한 단위의 질량이 갖는 에너지를 퍼텐셜이라고 한다. 지구의 수학적 모양(기준 타원체)은 중력 퍼텐셜이 일정한 표면에 해당하며, 이것을 등퍼텐셜면equipotential surface이라고 한다. 기준 타원체의 퍼텐셜 값은 평균 해수면과 동일하다고 정의된다. 중요한 점은, 중력의 값 자체가 등퍼텐셜면에서 일정하지 않다는 것이다. 등퍼텐셜면에서 일정한 것은 퍼텐셜이다. 기준 도형이 있기 때문에 지구상의 어느 곳에서나 해수면에서의 중력의 이론적인 값을 계산할 수 있다. 기준 타원체의 성질은 측지학자들의 국제 단체가 정의하는데, 이를 국제기준타원체International Reference Ellipsoid라 한다.

기준 타원체(그림 21에서 보듯이 지구와 동등한 구면 위로 적도에서 7킬로미터 정도 솟아 있고, 양쪽 극에서 아래로 14킬로미터 정도 납작하다)는 실제 중력 등퍼텐셜면을 이상화한 것이다. 실제 중력 등퍼텐셜면을 지오이드라고 부르는데, 기준 타원체는 지오이드에 매우 잘 맞지만 국소적으로 차이가 난다. 이러한 편차를 지오이드 기복geoid undulation이라고 하며, 보통은 몇 미터 정도지만

100미터가 넘기도 한다. 이 편차는 두 가지 이유로 발생한다. 첫째, 타원체는 지구 내부가 균질하다고 가정하는데, 실제로는 그렇지 않다. 예를 들어, 맨틀에는 지구동역학적 과정으로 인해 대규모의 밀도 차이가 존재한다. 이는 크고 넓은 지오이드 기복의 주요 원인이다. 둘째로, 지구의 표면은 거칠고, 단층에서 부서지고, 산지에서 솟아 있으며, 대부분을 차지하는 바다에는 해저의 깊은 분지와 골짜기, 해저 산맥이 있다. 지형학적 불규칙성과 밀도 변이로 인해 중력이 이론값과 다르고, 실제의 등퍼텐셜면이 타원체에서 벗어난다. 따라서 중력이 예상보다 강하거나 약하면 지오이드는 기준 타원체에 비해 솟아오르거나 꺼진다.

  기준 타원체에 대한 지오이드의 높이는 위성 측지학이 발달하기 전에 중력 측정으로 결정되었고, 이때 정밀한 측량이 필요했다. 1849년에는 조지 스톡스George Stokes가 고안한 수학적 방법이 지오이드의 높이를 계산하는 데 사용되었다. 1960년대 초에, 계속된 위성 탐사로 지오이드와 지구의 중력장을 점점 더 정확하게 측정했다. 밀도 이상은 고도가 낮은 인공위성의 궤도에 영향을 미치므로, 지오이드 기복은 우주에서 정확하게 측정할 수 있다(그림 22). 지오이드는 인도 남부에서 기준 타원체 아래 106미터 깊이까지 내려가며, 뉴기니섬과 북대서양에서는 기준 타원체 위로 60미터, 아프리카 남부에서는 위로 40미터 높이까지 도달한다. 일반적으로 지구물리학적 이상(중력, 지자기장,

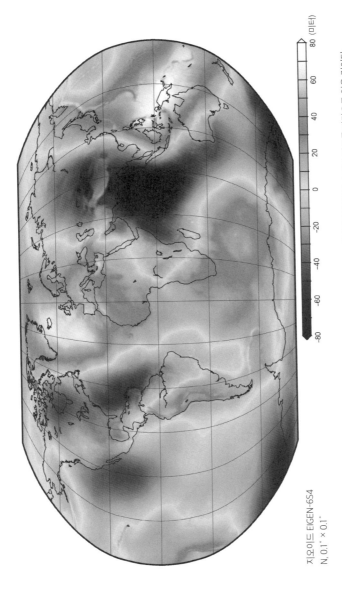

지오이드 EIGEN-6S4
N, 0.1˚ × 0.1˚

**그림 22** WGS84 기준 타원체에 대한 지오이드 기복. 2002~2013년에 GRACE와 GOCE 중력 위성 탐사에서 수집한 자료를 바탕으로 얻은 것이다.

지오이드)이 넓다면 그 근원은 더 깊다. 대규모의 지오이드 이상
은 지각이나 암권의 질량 이상으로부터 발생하기에는 너무 넓
다. 이들은 맨틀의 비정상적인 질량 분포에 기인한다.


## 위성 측지학

인공위성에서 측지학적 관측과 중력 관측을 수행하는 능력은
측지학에 혁명을 일으켰고, 지구에서 일어나는 동역학적인 과
정을 관찰하고 측정할 수 있는 매우 강력한 지구물리학적 도구
가 되었다. 이제까지 채택된 다양한 측정 기술은 지구상의 정확
한 위치를 측정하는 방법과 지오이드와 중력장을 정밀하게 측
정하는 방법으로 크게 나뉜다.

　많은 인공위성은 지구 표면에 레이더 빔을 쏘아 반사된 부분
을 기록한다. 합성개구레이더synthetic aperture radar(SAR)는 위성
궤적에 수직으로 늘어선 가는 띠에서 일어난 반사를 기록하고
분석하는 기법으로, 지구 표면의 고해상도 이미지를 얻을 수 있
다. 이 방법을 더 발전시킨 간섭합성개구레이더Interferometric
SAR(InSAR)는 같은 영역에 대해 반복해서 얻은 영상을 결합한
다. 레이더 빔은 파동이다. 다시 말해서 마루와 골이 계속 이어
지는 것으로 볼 수 있다. 기록과 기록 사이에 표면의 변위가 생

기면, 그 지점에 도달하는 레이더 빔 파장의 개수가 달라진다. 이 차이가 반 파장의 홀수이면, 두 신호를 합쳤을 때 하나는 골이 되고 다른 하나는 마루가 되어 신호가 약해진다. 이것을 상쇄 간섭이라고 한다. 반면에 이 차이가 한 파장의 정수 배면, 두 신호의 파형이 일치해서 강화되는데, 이것을 보강 간섭이라고 한다. 이 영상들을 조합하면 비행하는 위성과 지표면 사이에 일어난 변화가 간섭 무늬에 의해 강조되고, 따라서 측정이 가능해진다. 이 방법은 눈으로 감지할 수 없는 1~2센티미터의 정확도로 수직 변위를 탐지할 수 있으며 수평 해상도는 약 3미터다. InSAR 연구를 통해 지진에 의해 단층 주변에 일어난 변형, 화산이 분출하기 전의 융기와 분출 후의 침하가 관찰되었다.

GPS는 현대 측지학에서 가장 중요한 기술 중 하나다. 이 기술은 소규모 지역 및 광역 탐사에서부터 지각판의 운동에 이르기까지 모든 규모의 측지 관측에 혁신을 가져왔다. 미국(GPS), 유럽(갈릴레오), 러시아(GLONASS)가 서로 비슷하지만 별도의 GPS 시스템을 운영한다. 각각의 시스템은 완전히 가동될 때 약 1만 9000~2만 3000킬로미터 고도의 궤도(중궤도라고 부른다)를 도는 24개의 위성들로 구성되도록 설계되어 있다. GPS 시스템은 적도에 대해 55도쯤 기울어져서 적도와 교차하는 6개의 궤도면에 각각 4개의 위성을 경도 60도 간격으로 배치한다. 위성들은 기가헤르츠 주파수 범위로 부호화된 신호를 내보내고, 수신기는 이 신호를 감지해서 위치를 해독한다. 최소 4개의 GPS 위성으로부터 신호를 수신하면 다른 위성들의 위치뿐만 아니라 지구, 육지, 항공기, 바다 어디에서나 수신기의 정확한 위치를 알아낼 수 있다. 수신기의 위치 정확도는 몇 미터 정도다. 갈릴레오 시스템은 정확도를 일반적인 용도로는 1미터 이상으로, 과학용으로는 센티미터 규모로 개선하는 것을 목표로 한다.

측지학자들은 위치 정확도를 높이기 위해 GPS 신호를 분석하는 정교한 기술을 개발했다. 그 방법 중 하나가 차분differential GPS다. 이 방법은 특정한 지역에서 작동하는 GPS 수신기의 네트워크에서 작동한다. 위치를 매우 정확히 알고 있는 수신기 한 대를 기준으로 다른 수신기의 상대적인 위치를 결정하는 식이다. 차분 GPS를 사용하면 위치의 정확도가 몇 센티미터까지 향상된다. 반송파搬送波 위상 추적 기술을 사용하면 훨씬 더 높은 정밀도를 얻을 수 있으며, 이 기술로 밀리미터 규모의 위치 정확도를 달성한다. 수신기가 어디에 있는지를 탁월한 정확도로 결정할 수 있게 되자, 측지 측량을 위한 다양하고 새로운 응용이 가능해졌다. 이제 한 지역의 정확한 GPS 측량을 단 몇 주 만에 끝낼 수 있다. 예를 들어 단층 작용과 같은 지각의 변형이 일어나는 곳을 이러한 방식으로 측량할 수 있다. 나중에 조사를 반복하면 변형 패턴의 변화가 드러난다. 활성 단층에 영구적으로 설치한 GPS 네트워크는 단층에서의 지진 발생 전, 진행 중,

종료 후의 움직임을 관찰할 수 있다. 또한 이러한 데이터는 마지막 빙하기 때 얼음에 눌려 침강했던 지형이 다시 융기하는 것과 같은 암권의 이완 과정에 대한 정보를 제공한다. GPS 관측소의 네트워크는 지구의 암권을 나누는 판에서 지금 일어나고 있는 운동과 상호작용을 능동적으로 관찰할 수 있는 독립적인 수단을 제공한다.

지오이드의 정확한 측정은 위성 고도 측정의 중요한 업적이었다. 이 기술은 인공위성을 이용한 우주 탐사가 시작된 뒤부터 시작되었다. 세계 전역에 퍼져 있는 지상 레이저 기지의 네트워크에서 위성의 위치를 정확하게 추적하면, 위성의 고도를 정확하게 측정할 수 있다. 이것은 기준 타원체, 즉 평균 해수면 위의 위성의 높이를 알려준다. 한편, 위성이 방출하는 마이크로파 레이더 펄스의 양방향 이동 시간을 이용해 해수면의 높이를 알 수 있다. 이렇게 측정된 두 높이 사이의 차이가 타원체, 즉 지오이드 기복에 대한 해수면의 높이이다. 위성 측지학은 최근 두 번의 우주 임무가 보여주듯이, 점점 더 정밀하고 정교하게 발전해왔다.

중력재측정·기후실험Gravity Recovery and Climate Experiment(GRACE)은 2002년에 시작되었고, 같은 극궤도에 2개의 동일한 위성을 고도 500킬로미터에 배치하였다. 두 위성 사이 220킬로미터의 수평 간격은 10마이크로미터 단위로 간격 변화를 측정할 수 있는 마이크로파 위치 측정 시스템을 통해 정확하게 관찰된다. 앞서가는 위성이 평균보다 중력이 강한 지역에 접근하면 인력의 증가로 속도가 빨라지고, 그 지역을 벗어나면 속도가 느려진다. 각각의 경우 이 속도 변화에 의해 뒤따르는 위성과의 거리가 변하고, 뒤따르는 위성도 이 지역 위를 지나갈 때 비슷한 영향을 받는다. 두 위성의 미세한 거리 변화를 중력이 상gravity anomaly으로 변환하면 지구 중력장 지도를 작성할 수 있다. GRACE의 결과는 매월 얻어지므로, 이것으로 시간에 따른 중력장의 변화를 관찰할 수 있다. 예를 들어, 빙상이 녹으면서 생기는 중력 변화나 빙하기 때 빙하가 누르던 하중이 사라진 뒤 지구가 조정되면서 생기는 중력 변화를 측정할 수 있다. 시간에 따른 GRACE 데이터의 변화는 지구 맨틀의 점도를 계산하는 데 사용되어왔다.

중력장·정상상태 해양순환탐사Gravity Field and Steady-State Ocean Circulation Explorer(GOCE) 임무(2009~2013)는 단일한 위성을 극궤도에서 더 낮은 고도인 255킬로미터 상공에 배치했다. 이 고도에서 일어나는 대기의 항력은 이온 추진 시스템으로 보정했다. 위성에는 중력변화율측정기gradiometer를 탑재해서, 세 쌍의 가속도계를 사용하여 서로 직각을 이루는 세 방향으로 중력 경사(중력이 위치에 따라 변하는 비율)를 측정했다. 해수면의 높이는 여러 해에 걸쳐 위성 고도계에 의해 결정되며, 이 높이는 두 부분으로 이루어진다. 정적인static 부분은 지구 내부의 비정상적인 질량으로 인한 지오이드 기복으로 구성된다. 여기에 시간에 따라 변하는 해류의 영향이 겹친다. 지오이드 높이를 빼면, 해양 표면의 대규모 평균 동적 지형dynamic topography을 얻을 수 있다. 물은 높은 곳에서 낮은 곳으로 흐르기 때문에, 동적 지형의 오르내림으로 해류의 지도를 전례 없이 상세하게 그릴 수 있다.

이러한 위성 탐사의 결과로 고해상도 컬러 지도를 얻을 수 있다. 위성 데이터와 지상의 데이터(예를 들어 대류의 중력 측정값 또는 위성으로 측정한 해수면 높이)를 결합할 수 있는 지역에서는 공간 분해능spatial resolution이 더욱 향상되어 수평 범위로 100킬로미터 미만의 지오이드 또는 중력장의 요철을 구별할 수 있다.


## 조석

달이 지구의 자전에 미치는 영향은 태양이나 태양계의 다른 행성들보다 강하다. 지구와 달의 질량 중심은 지구 중심으로부터 약 4600킬로미터 벗어난 지점에 있다(지구의 반지름인 6371킬로미터보다 충분히 안쪽이다). 지구와 달은 이 점을 중심으로 회전한다(마치 두 무용수가 왈츠를 추는 것처럼). 지구가 태양을 도는 타원 궤도는 실제로는 이 질량 중심의 궤적이다. 지구와 달이 질량 중심 주위를 회전하는 운동에 의해 지구에 원심 가속도가 생기며, 가속도의 방향은 달에서 정반대로 멀어지는 쪽이다. 달의 중력은 이 방향과 반대다. 둘을 합친 효과로 조석이 생기는데, 이 힘에 의해 등퍼텐셜면이 변형되어 럭비공처럼 생긴 길쭉한 타원체 모양이 된다. 따라서 지구의 표면은 조석에 의해 달의 방향으로도 부풀어 오르고 그 반대 방향으로도 부풀어 오른다. 부풀어 오른 부분의 크기는 같지 않다. 지구는 매일 두 조석 부품을 통과하면서 회전하기 때문에, 크기가 같지 않은 두 조석을 겪는다. 이것들은 1일 1회조(일주조)와 1일 2회조(반일주조)로 나뉜다(고위도 지역에서는 조석이 하루에 두 번 일어나지만, 적도 지역에서는 하루에 한 번만 일어난다—옮긴이). 대개 조석은 해수면의 변동이라고 생각하지만 지구의 단단한 부분에서도 조석이 일어나는데, 이것을 지각 조석bodily earth tide이라고 부른다. 이것은 지구의 단단한 표면에서 수직으로 최대 38센티미터, 수평으로 최대 5센티미터의 변위로 나타난다.

태양도 조석에 기여하여, 1년 1회와 1년 2회의 성분을 만든다. 태양의 질량은 달의 질량보다 훨씬 크지만, 지구로부터 훨씬 더 멀리 떨어져 있기 때문에 태양에 의한 조석 가속도는 달의 45퍼센트에 불과하다. 각각의 조석 변위가 럭비공 모양이라고 상상하면, '럭비공'이 같은 방향일 때 달의 조석과 태양의 조석이 서로 강화된다는 것을 알 수 있다. 태양과 달이 서로 지구에 대해 반대되는 위치에 있을 때(충衝이라고 부른다)와 지구에서 봤을 때 두 천체가 같은 쪽에 있을 때(합合이라고 부른다) 이런 일이 일어난다. 이러한 강화는 각각 보름과 그믐일 때 일어난다. 각각의 상황에서 특별히 큰 조석이 일어나는데, 이것을 사리 spring tide라고 부른다. 이 두 기하학적 위치의 중간에서 '럭비공'이 서로 수직(구矩라고 부른다)이 되면, 효과가 상쇄되어 조석이 낮아지며, 이것을 조금neap tide이라고 한다.

유체와 고체의 질량이 이동하면 지구의 자전을 방해하는 것과 같은 효과를 일으켜서, 지구의 자전 속도가 늦어지고 하루가 점점 길어진다. 현재 한 세기에 1.8밀리초의 속도로 하루가 길어지는데, 이 효과에 대한 증거는 바빌로니아, 중국, 이슬람, 유럽에서 과거 2700년 동안 축적된 천문 기록으로 추론되었다. 이제는 초장기선 간섭관측계와 GPS를 비롯한 여러 위성 기술로 이 효과를 직접 측정할 수 있다. 반대로 달의 자전 주기는 지구의 중력이 미치는 영향에 의해 지구를 도는 달의 공전 주기와 같아질 정도로 느려졌다. 이런 이유로 우리는 언제나 달의 같은 면만 볼 수 있다.

각운동량 보존법칙의 결과로 지구의 각운동량이 달에 전달된다. 이로 인해 지구와 달의 거리가 매년 약 3.7센티미터(손톱이 자라는 속도와 대략 비슷하다)로 증가하고, 달의 자전 속도와 공전 속도가 느려진다. 시간이 지나면 세 가지 회전이 모두 현재 지구의 하루를 기준으로 48일 주기로 동기화될 것이다. 그러면 달은 지구 위에 정지해 있고, 두 물체는 서로에게 항상 같은 면을 보여줄 것이다. 왜행성인 명왕성과 그 위성인 카론은 이미 이런 상태에 있다.

## 중력 측정의 보정

중력 측정은 다양한 유형의 지구물리학적 탐사에 사용되는 중요한 기술이며, 지구 전체에 대한 대규모 지구동역학geodynamics부터 석유 시추 또는 광물 시굴과 같은 소규모 탐사에 이르기까지 널리 사용된다. 중력계는 마이크로갈 범위의 중력이상을 측정할 수 있기 때문에 환경 탐사에 관련된 지구물리학의 응용에도 유용한 도구가 된다. 예를 들어 고고학 발굴 현장에서 매몰된 벽이나 지하의 공간 때문에 생기는 미세한 중력이상을 찾아낼 수 있다.

중력이상이란 중력의 개별적인 측정에서 같은 위치의 정상적인 중력에 대해 편차가 나타나는 것을 말한다. 중력이상은 기준 타원체 아래에 있는 구조에 의해 발생한다. 지하에 밀도가 높은 구조가 있으면 중력이 커지고, 지하에 밀도가 낮은 구조가 있으면 중력이 줄어든다. 그러나 정확하게 기준 타원체 표면에서 중력을 측정하는 경우는 드물다. 따라서 정상적인 중력과 제대로 비교하려면 여러 가지 조정이 이루어져야 한다. 이 조정에는 측정 위치에 따른 국지적 효과가 포함된다. 첫째, 중력계보다 높이 있는 모든 지형은 중력과 반대로 위로 당기는 인력을 행사하므로, 측정값이 낮아진다. 근처에 골짜기가 있으면 있어야 할 곳에 물질이 없는 것과 같아서, 이때도 해당 위치의 중력이 약해진다. 이러한 국소적 효과를 보상하기 위해 측정 위치 주변의 언덕과 골짜기에 대한 지형 보정terrain correction을 해야 한다. 지형의 효과를 제거하고 나면, 중력계와 기준 타원체 사이에 있는 거친 지형을 균일한 평판으로 바꾼 것처럼 된다. 그다음으로, 이 평판을 보정해야 한다. 평판은 기준 타원체의 바깥쪽에 있어서 중력계를 끌어당기므로, 이것을 계산해서 측정값에서 빼야 한다. 이것을 부게르 보정Bouguer correction이라고 부르는데, (지형 보정과 마찬가지로) 이때 해당 지역의 암석 밀도를 알아야 한다. 지각의 전형적인 암석에 대해 이 값은 고도 1미터당 0.1밀리갈 정도다.

측정 지점 주변과 아래에 있는 지질학적 물질의 인력을 보정한 뒤에는 기준 타원체 위에 있는 중력 측정 위치의 높이도 보정해야 한다. 중력은 지구 중심으로부터의 거리의 제곱에 반비례해서 감소하기 때문이다. 이러한 '자유공기free-air' 효과는 측정 지점의 고도에 대한 가장 큰 보정이며, 미터당 약 0.3밀리갈에 달한다. 이 단계들을 거친 뒤 보정된 중력 측정값은 기준 타원체의 표면에서 잰 것과 같다. 이렇게 조정된 값을 측정 지점의 위도에 대한 기준 타원체의 이론적인 중력과 비교할 수 있다.

부게르 보정과 자유공기 보정은 반대 방향임에 주목하라. 자유공기 보정이 양의 방향이면 부게르 보정은 음의 방향이고, 반대도 마찬가지다. 둘을 합쳐 해수면 위로 5미터 높이마다 1밀리갈의 중력 감소를 나타내는데, 이것으로 측정 위치의 정확한 측지 제어가 필요함을 알 수 있다. 매우 상세한 중력 측량에서는 해양의 조석과 지각 조석의 영향까지 보정해야 한다. 이들을 합친 효과는 약 0.03밀리갈로, 일반적인 중력계의 감도인 0.01밀리갈보다 훨씬 크다.

선박이나 항공기처럼 이동하는 플랫폼에서 중력을 측정할 때는 또 다른 보정이 필요하다. 플랫폼의 속도에서 동쪽을 향하는 성분이 지구의 자전 속력에 더해져 원심 가속도가 증가하고, 서쪽 방향의 속도 성분은 반대 효과를 내기 때문이다. 이 변화를 수직 성분과 수평 성분으로 나눌 수 있는데, 수직 성분을 외트뵈스 가속도Eötvös Acceleration라고 부르고, 수평 성분을 코리올리 가속도Coriolis Acceleration라고 부른다. 이 가속도는 작지만 무시할 수 없으며, 위도에 따라 달라진다. 외트뵈스 가속도는 수직으로 작용하여 중력 측정에 직접적인 영향을 미치며, 보정이 필요하다. 이 효과는 작고, 플랫폼의 속도에 비례한다. 예를 들어 북위 45도에서 동쪽으로 5노트(시속 9.2킬로미터)로 항해하는 배에서 외트뵈스 가속도는 약 26밀리갈에 달한다. 이 효과는 중력계의 민감도나 가능한 중력이상의 크기보다 훨씬 크므로, 이를 보정하는 것이 중요하다.

코리올리 가속도는 수평면에서 작용하므로 중력 측정에 영향을 미치지 않는다. 코리올리 가속도는 북반구에서 운동 방향의 오른쪽, 남반구에서는 왼쪽으로 작용한다. 지구 표면에서 움직이는 모든 물체의 수평 경로가 이 가속도의 영향을 받는다. 예를 들어, 대기압은 기단을 고기압 영역에서 저기압으로 이동시킨다. 코리올리 힘은 움직이는 기단의 방향을 점차 꺾어서 등압선과 같은 방향이 되게 한다. 이로 인해 북반구에서는 저기압의 중심 주변에서 시계 반대 방향으로 바람이 불고, 반대로 고기압에서는 중심부에서 멀어지는 방향으로 시계 방향으로 바람이 분다. 남반구에서는 고기압과 저기압에서 바람이 부는 방향이 반대로 된다.


## 부게르 중력이상과 자유공기 중력이상

모든 보정을 완료한 뒤에는 조정된 중력 측정값을 측정 위치의 위도에서 예상되는 이론적인 값과 비교한다. 이 차이를 부게르 중력이상Bouguer gravity anomaly이라고 부른다. 부게르 보정과 지형 보정을 하지 않으면 이 이상은 기준 타원체 위의 측정 위치의 고도에 대한 보정만 나타내는데, 이를 자유공기 중력이상free-air gravity anomaly이라고 한다. 부게르 중력이상과 자유공기 중력이상은 지표면 아래의 밀도 대비density contrast에 대한 중요한 증거를 제공한다. 평균보다 높은 밀도를 가진 구조에서는 중력의 끌어당기는 힘이 증가하지만, 낮은 밀도의 구조에서는 감소한다. 같은 종류의 암석이라도 광물의 함량이 다를 수 있기 때문에 밀도가 일정하지 않다. 그러나 대륙 지각의 전형적인 평균값은 퇴적암의 경우 2300~2500kg/m³, 화강암의 경우 2600~2700kg/m³, 변성암의 경우 2400~3000kg/m³이다. 해양 지각의 현무암과 반려암의 밀도는 약 2800~3200kg/m³이다. 암석 유형 사이의 밀도 차이는 그리 크지 않다. 이 차이는 한 암석 유형이 다른 암석 유형으로 침입한 구조에 의해 발생하거나, 단층 작용에 의한 암석의 변위에 의해 발생할 수 있다.

밀도 대비의 효과는 해양과 대륙에 대한 부게르 이상의 차이로 나타난다. 해양 지각은 비교적 얇아서, 두께가 5~10킬로미터인 현무암 위에 몇 킬로미터의 물로 이루어져 있다. 대륙의 부게르 이상과 비교할 수 있는 해양의 부게르 이상은 2670kg/m³의 전형적인 밀도의 대륙 암석으로 해양을 메운다고 가정해서 계산한다. 대륙 지각은 해수면 기준으로 두께가 약 30킬로미터이며, 따라서 대륙보다 해양에서 밀도가 더 높은 상부 맨틀 암석($3300 \text{kg/m}^3$)이 지구 표면에 더 가깝다. 해양 지각은 얕은 곳의 질량이 크기 때문에 부게르 이상은 양수가 된다. 반대로, 산맥의 높은 지형 아래에는 모호면에서 두께가 60~70킬로미터인 두꺼운 지각이 떠받치고 있기 때문에, 보통의 대륙 지형이라면 밀도가 높은 맨틀의 암석이 있어야 할 깊이에 밀도가 낮은($2700 \text{kg/m}^3$) 지각의 암석이 채워져 있다. 이것을 산의 저밀도 뿌리low-density root라고 부른다. 이로 인해 산맥 위에서는 부게르 이상이 음수가 된다.

자유공기 중력이상은 대륙의 지형을 보정하지 않으며, 바다의 수심 변이도 보정하지 않는다. 따라서 자유공기 중력이상은 지형과 지표면 아래의 밀도 대비에 모두 반응한다. 예를 들어 산맥에서 해수면 위의 지형에 해당하는 질량이 끌어당기는 힘은 산 아래의 저밀도 뿌리 영역의 인력 감소에 의해 부분적이나마 보상된다. 산 위에서 이러한 방식으로 보상되는 자유공기 중력이상은 매우 작다. 산에 뿌리 영역이 없다면(또는 영역이 아주 작으면), 자유공기 중력이상은 지형을 반영한다. 대양에서 자유공기 중력이상은 해저 산맥, 해산, 해구와 같은 해저 지형을 따라가곤 한다. 태평양 주변의 심해 해구들과 길게 늘어선 음의 자유공기 중력이상은 놀랍도록 잘 맞는다. 해구에는 물이나 낮은 밀도의 퇴적물만 포함되어 있어 해양 지각과 강한 밀도 대조

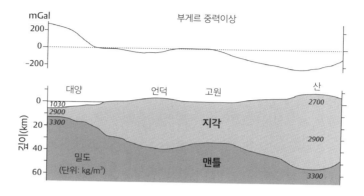

**그림 23** 해양 지각과 대륙 지각에 대한 가상의 부게르 중력이상의 변이.

를 나타낸다. 해구에서 바다 쪽으로 나타나는 작은 양陽의 중력 이상은 해양판이 인접한 판 아래로 섭입하기 전에 위쪽으로 살짝 솟아 있다는 증거다. 이 습곡은 암권의 판이 뻣뻣해서 잘 휘지 않기 때문에 생긴다. 평평한 책상 위에 종이를 놓고 밀면, 반대편 끝에서 종이가 비슷한 방식으로 구부러진다.

## 지각평형론

헨리 캐번디시Henry Cavendish는 1798년에 중력 상수를 측정하는 데 성공했다. 이 상수의 값이 알려지기 전에는 중력 측정으로 직접 지구의 질량이나 밀도를 계산할 수 없었다. 18세기 중반에, 과학자들은 근처의 산이 실에 매단 질량에 가하는 수평 인력을 중력가속도와 비교해서 지구의 평균 밀도를 계산하려고 시도했다. 이것은 다림줄이 내려진 방향이 미세하게 편향되는 것으로 측정하는데, 다림줄은 수직 방향을 정의한다. 페루, 에콰도르, 스코틀랜드의 산에서 수행한 실험으로 산출한 지구의 평균 밀도는 놀랍게도 일관성이 없고 비현실적인 값이었다. 19세기 전반에 수행된 히말라야산맥의 측지학적 측량에서도 산 근처에서 수직 방향의 이상이 나타났다. 이 이상한 결과는 산지의 뿌리 영역을 구성하는 암석의 밀도가 예상보다 낮다는 것으로 설명되었다. 눈에 보이는 산에 의한 인력은 뿌리의 '사라진' 질량에 의해 부분적으로 상쇄된다. 산이 아래의 지층 위에 떠 있고, 저밀도 뿌리에 의한 지형의 효과가 상쇄되는 것을 지각평형 isostasy이라고 한다. 이 관찰 결과를 설명하는 데 일반적으로 세 가지 이론 모형이 사용된다.

1855년에 제안된 첫 번째 두 가지 유형은 나무토막이 물에 뜨는 것을 설명하는 아르키메데스 원리에 기초한 부력 모형이다. 이 모형들에서는 가벼운 지각이 밀도가 높은 토대 위에 떠 있다고 본다. 에어리-헤이스카넨 모형Airy-Heiskanen model은 지각의 밀도는 일정한 반면 두께가 다양해서 지형을 반영한다. 이 모형에서는 여러 가지 크기의 나무토막들이 물에 '떠 있고' 물에 잠기는 깊이가 각각 달라서 나무토막 밑바닥의 압력이 같아진다. 여기서는 보상 깊이compensation depth가 다양하게 변하는데, 이것은 지각의 구조와 유사하다. 프랫-헤이퍼드 모형Pratt-Hayford model에서는 지형 변화가 산 아래의 밀도가 낮은 암석과 함께 밀도 변화에 의해 보상되며, 따라서 전체 지형이 같은 보상 깊이를 가진다. 이 모형은 밀도가 다양한 나무토막들이 떠 있는 것과 비슷해서, 물 위로 내민 높이는 다르지만 물에 잠기는 깊이는 같다. 두 지각평형 모형은 부력 메커니즘을 사용하여 해수면 위 여분의 질량(예를 들어 산)이 깊은 곳의 질량 부족으로 보상되는 것을 설명한다. 부력 메커니즘은 국소적 보상을 제공한다. 융기는 국소적 수직 밀도 차이에 의해 일어난다.

물에 떠 있는 나무토막에 동전을 올려놓으면 나무토막이 물 밑으로 더 깊이 잠겨서 전체의 무게가 물로부터 받은 부력과 균형을 이룬다. 동전을 치우면, 나무토막이 물에 잠긴 부분의 부력과 균형을 이루기에는 너무 커서 나무토막이 다시 떠오른다. 같은 방식으로, 지각평형의 보상은 하중의 변화에 반응하여 지각이 수직으로 운동하면서 새로운 유체정역학적 균형을 이루게 만든다. 따라서 지표상의 물질이 침식으로 깎여나가거나 빙상이 녹으면, 지각평형의 반응으로 산이 융기한다. 이러한 융기의 예는 캐나다 북부와 페노스칸디아Fennoscandia(핀란드, 스웨덴, 노르웨이, 덴마크를 포함하는 북유럽 지역—옮긴이)에서 발견되는데, 이 지역은 마지막 빙하기 동안 1~2킬로미터 두께의 빙상으로 덮여 있었다. 약 1만 년 전에 빙하기가 끝나고 빙상이 녹은 뒤에 일어난 지각평형의 조정으로 지각의 수직 운동이 일어났다. 육지의 융기는 처음에는 오늘날보다 빨랐지만, 스칸디나비아와 핀란드에서는 1년에 최대 9밀리미터의 속도로 계속되고 있다(그림 24). 이 현상은 반복적인 고정밀 수준 측량에 의해 수십 년에 걸쳐 관찰되었다. 북유럽의 측지학자들은 현재 지속적으로 기록되는 GPS 관측망을 이용하여 밀리미터 단위의 정확도로 융기를 측정하고 있다.

1931년에 펠릭스 안드리스 빈닝 마인즈Felix Andries Vening Meinesz가 고안한 지각평형의 세 번째 모형에서, 상층부는 땅의 하중을 받아 아래로 구부러지는 탄성을 가진 판이며, 이 판을 '유체'인 기질이 떠받치고 있다. 판이 구부러지면 땅덩어리의 하중은 더 넓은 수평 거리로 분산되고, 지역적 지각평형 보정을 초래한다. 이는 부력 모형의 국소적 평형과 대조된다. 해양의 섬과 해산의 지각평형 보정은 빈닝 마인즈 모형의 탄성판과 암권의 상단부를 동일시하여 성공적으로 설명되었다. 그러나 해양 암석의 탄성 부분의 두께는 지진파로 추정한 두께보다 현저히 얇다. 깊이에 따른 온도 증가에 의해 깊은 암권에서는 비탄성적인 성질이 명확하게 나타난다. 지하에서 지진파가 감쇠되는 것도 같은 이유 때문이다(3장 참조). 이것은 가해진 응력과 응

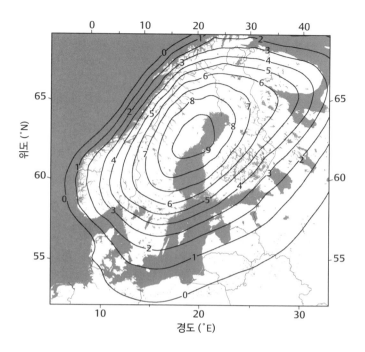

**그림 24** 빙하기 이후 페노스칸디아 융기의 현재 속도(mm/yr). 반복적인 정밀 수준 측량, 해수면 높이 측정, 연속적인 GPS 측정으로 산출한 값이다.

력의 변화 속도에 따라 달라지는 비가역적인 과정으로, 온도에 따라 달라지며 온도가 높을수록 더 빠르게 일어난다.

비탄성적 성질 중에는 점탄성viscoelasticity이라는 것이 있다. 점탄성을 가진 물질은 응력이 짧게 가해질 때는 탄성적으로 반응하지만, 매우 오랜 시간 동안 지속적으로 응력이 가해지면 끈

적끈적한 점성 유체처럼 반응한다. 보통은 고체의 성질을 보이는 맨틀이 흐르는 것도 점탄성 때문이라고 할 수 있다. 점탄성의 반응은 캐나다 북부와 페노스칸디아에서 상부 맨틀의 빙상에 대한 반응을 설명하기 위해 제안되었다. 빙상의 무게에 눌리면 지각의 중심부가 맨틀로 내려간다. 변위를 일으킨 맨틀로 인해 주위의 땅이 살짝 솟아오르는데, 젤리를 누르면 주위가 조금 솟아오르는 것과 마찬가지다. 빙하기 이후에 이완이 일어나면서 지금은 반대의 운동이 일어나고 있다. 솟아올랐던 가장자리가 가라앉고 있는 반면에 중심부가 융기하는 것이다. 이 거동은 암권의 휨강성flexural rigidity(휨에 대한 저항)과 상부 맨틀의 점성에 모두 관련된다. 맨틀이 관여하는 깊이는 그 지역의 구조와 표면 하중의 무게 및 범위에 따라 달라진다.

○

**6**

지열

## 열원

일상생활에서는 흔히 열과 온도를 구별하지 않는다. 이 둘은 서로 관련되어 있지만 다른 개념이며, 여기에서는 그 개념을 명확히 이해해야 한다. 물체의 분자들은 끊임없이 움직이고 있으며, 이 움직임의 에너지를 운동에너지라고 한다. 온도는 주어진 부피에서 분자의 평균 운동에너지의 척도다. 온도의 단위는 섭씨의 도(℃) 또는 켈빈(K)이며, 이것은 크기는 같지만 기준점이 다르다. 켈빈 척도에서 절대 영도는 모든 운동이 정지하는 온도이며, 섭씨 영하 273.15도에 해당한다.

　어떤 부피 안에 있는 모든 분자의 전체 운동에너지를 내부 에너지라고 한다. 온도가 다른 두 물체가 접촉하면, 두 물체는 온도가 같아질 때까지 내부 에너지를 교환한다. 전달되는 에너지는 교환되는 열의 양이다. 따라서 물체에 열을 가하면 물체의 운동에너지가 증가하고, 개별 원자와 분자의 움직임이 빨라지고 온도가 올라간다. 열은 에너지의 한 형태이며, 표준 에너지 단위인 줄Joule로 측정된다. 초당 1줄을 소모하는 것이 1와트이며, 이것은 일률power의 단위다. 일상적으로 사용하는 장치의 전력 소비량은 킬로와트(1000와트)로 측정되며, 보통의 자동차에는 100킬로와트 정도의 엔진이 장착되어 있다.

지구의 열전달 속도는 1와트보다 훨씬 작으며, 밀리와트(1000분의 1와트) 단위로 측정된다. 지표면의 단위 표면적을 통해 흐르는 초당 지열의 양은 지열 플럭스geothermal flux, 또는 더 간단히 열류량이라고 부르며, 측정 단위는 제곱미터당 밀리와트$(mW/m^2)$다.

지구 내부의 열은 지구의 가장 큰 에너지원이다. 이 에너지가 판의 지질학적 운동과 지자기장 생성 같은 지구 전체에 걸친 지질학적 과정에 힘을 공급한다. 1년 동안 지구 밖으로 흘러나오는 열의 양은 같은 기간 동안 지진으로 방출되는 탄성 에너지의 100배 이상이고, 조석에 의한 마찰로 지구의 자전 속도가 느려지면서 발생하는 운동에너지의 손실량보다 10배 이상 많다. 지구로 들어오는 태양 복사가 훨씬 더 큰 에너지원이지만, 이 에너지는 주로 지구 표면이나 그 위에서 일어나는 자연적인 과정에 미치는 영향 때문에 중요하다. 대기와 구름은 태양 복사 에너지의 45퍼센트를 반사하거나 흡수하며, 육지와 해양 표면은 5퍼센트를 반사하고 50퍼센트를 흡수한다. 지표면·구름·대기에 흡수된 거의 모든 에너지는 우주로 다시 복사된다. 지표면에 도달하는 태양 에너지는 땅속으로 아주 짧은 거리만 침투하는데, 물과 바위는 좋은 열 전도체가 아니기 때문이다. 태양에 노출된 바위나 해변은 만져보면 따뜻하지만 이는 표면에서만 일어나는 효과다. 암석과 퇴적물이 하루 동안 보이는 온도 변이는 1미터만 깊어져도 표면에서의 1퍼센트가 채 되지 않는다. 1년 동안의 온도 변화는 19미터까지 내려가지만, 20미터 이하에서는 거의 느껴지지 않는다. 그러나 가장 최근의 빙하기 동안에 빙하는 10만 년 주기로 전진하고 후퇴했다. 이러한 장기적인 온도 변화는 지구 안으로 몇 킬로미터 깊이까지 내려갈 수 있다. 우물과 시추공에서 지구의 열류량을 측정할 때는 이 점을 고려해야 한다.

지구 내부의 열은 두 가지 근원에서 생겨난다. 하나는 지각의 암석과 맨틀의 방사능에 의해 지금 발생하는 열이고, 다른 하나는 지구가 생길 때부터 있던 열이다. 이들의 상대적 기여는 정확히 알려져 있지 않지만 비슷하다고 생각된다. 방사성 열원은 주로 우라늄 238, 우라늄 235, 토륨 232, 포타슘 40과 같은 방사성 동위원소의 붕괴에 의해 열을 지속적으로 내놓는다. 이 동위원소들은 주로 지각에 존재하지만 일부는 맨틀에 존재한다. 반대로 태초의 열은 지구가 불덩어리로 생성되던 시기에서 남은 열이다. 초기 용융 상태에서는 무거운 원소로 이루어진 고밀도의 핵이 형성되었으며, 그 위를 가벼운 원소로 이루어진 규산염 맨틀이 둘러쌌고, 나중에 그 위에 얇고 차가운 지각이 둘러쌌다. 이 분리 과정을 분화differentiation라고 한다. 지구는 그 뒤로 계속 냉각되고 있고, 형성될 때의 열을 서서히 잃고 있다. 원래의 열에서 남은 부분이 오늘날 지구 내부의 열 중에서 태초의 열 부분이다. 지구의 핵에서 맨틀로 흐르는 열은 대부분 이러한 태초의 열이라고 생각된다.

내부의 열은 지구 밖으로 빠져나갈 방법을 찾아야 한다. 열전달의 세 가지 기본적인 형태는 복사, 전도, 대류다. 또한 조성 변화와 상전이에서도 열이 전달된다. 열복사는 물체를 구성하는 입자의 운동이 스펙트럼의 적외선 영역에서 전자기파로 변환될 때 방출된다. 그러나 이 과정에서의 열은 지구에서 중요성을 띨 정도로 온도가 높지 않다. 열은 내부에서 전도에 의해 전달되며, 대류는 맨틀과 유체인 외핵에서 중요한 역할을 한다.

## 지표면을 통한 열류량

지구의 고체 부분에서는 전도에 의한 열 수송이 가장 중요하다. 열전도는 물질이 직접 이동하지 않고 원자의 진동이나 분자들의 충돌로 에너지가 전달되면서 일어난다. 물질 속에서 전도에 의한 열류량은 두 가지 양에 의존한다. 하나는 깊이에 따라 온도가 증가하는 비율(온도 기울기)이고, 다른 하나는 물질이 열을 전달하는 능력으로, 이를 열전도도thermal conductivity라고 한다. 열류량은 온도 기울기와 열전도도의 곱으로 정의된다. 대륙에서는 시추공과 깊은 우물 안의 여러 깊이에서 온도를 관찰함으로써 국소적인 온도 기울기를 측정할 수 있다. 열전도도는 적절한 암석 시료로 실험실에서 측정한다. 바다에서는 긴 파이프 모양의 탐침을 퇴적물로 덮인 해저의 바닥에 찔러넣어서 온도를 측정한다. 파이프 표면에 장착된 서미스터thermistor(민감한 온도계)로 퇴적물의 다양한 깊이에서 온도를 측정하며, 이것으로 온도 기울기를 계산한다. 퇴적물의 열전도도는 해저의 현장에서 측정하거나, 파이프를 회수할 때 코어를 채취한 뒤 나중에 실험실에서 측정할 수 있다.

지구 표면에서의 열류량은 측정하는 지역의 지질과 지각의 상황에 따라 크게 달라진다. 지구 전체의 평균 열류량의 추정값은 제곱미터당 92밀리와트(92mW/m²)다. 이 값에 지구의 표면적 약 5억 1000만 제곱킬로미터를 곱하면, 지구 전체의 열손실은 대략 4만 7000기가와트(기가와트는 10억 와트다)다. 비교하자면, 대형 원자력 발전소의 에너지 생산량은 약 1기가와트다.

지구의 열손실 중에서 약 3분의 1은 대륙에서 일어난다. 대륙 지역의 평균 열류량은 71mW/m²지만, 이 값은 특정 지역의 암석 종류와 연대에 따라 크게 달라진다. 가장 낮은 값인 20~40mW/m²는 선캄브리아대의 순상지에서 측정된다. 이 지역은 대륙 지각에서 가장 오래된 곳이다. 방사성 동위원소 함량이 높은 지역을 제외하고, 이러한 안정된 지역(대륙괴라고 부른다)을 형성하는 오래된 암석은 형성된 이후 매우 긴 시간에 걸쳐 냉각되었다. 반면에 지구의 열손실 중에서 3분의 2는 해양의 암권에서 일어나며, 해양에서 평균 열류량은 105mW/m²로 대륙의 열류량보다 훨씬 높다. 해양의 열류량은 해령에서 가장 높아서(그림 25), 열류량이 500mW/m²가 넘는 곳도 있다. 해양 지각에는 방사성 광물이 드물며, 따라서 대양의 열류량에서 몇 퍼센트만이 방사성에 의한 열이다.

해령에서 열류량의 수치가 높은 이유는 활성적인 확산 중심에서 새로운 해양 암권이 형성되기 때문이다. 여기에서, 뜨거운 마그마가 솟구치면서 이류advection의 과정을 통해 표면으로 열이 전달된다. 이류는 대류와 비슷하게 유체의 움직임으로 열을 전달하지만, 대류와 달리 유체의 움직임이 열에 의해 일어나지

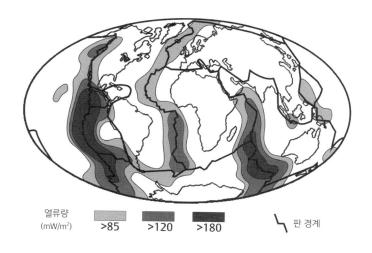

열류량
(mW/m²)  >85   >120   >180        ↘ 판 경계

**그림 25** 지표면의 열류량이 지구 전체의 평균값보다 큰 지역

는 않는다. 예를 들어 용암의 흐름은 중력에 의해 발생하며, 화
산 폭발에서 뜨거운 물질의 분출은 압력 차이 때문에 발생한다.
두 경우에서 모두 이류에 의한 열전달이 일어난다. 반면에 열대
류는 밀도와 온도의 차이로 인한 부력에 의해 물질이 이동하면
서 일어난다.

　해양의 열류량은 확장 해령에서 멀어질수록 감소하는데, 이
는 암권이 생성된 후 시간이 지남에 따라 해령에서 멀어지면서
전도에 의해 냉각되기 때문이다. 냉각은 잘 이해되고, 이론적으
로 설명할 수 있다. 해양의 열류량은 판 연령의 제곱근에 반비

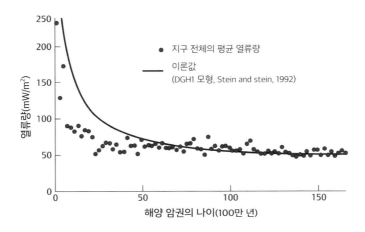

**그림 26** 해양 암권의 나이에 따른 지구 전체의 열류량 변이. 점은 암권의 연령에 대한 지구 전체의 평균값이다. 해령의 축 가까운 곳에서 열류량이 낮은 이유는 열수 순환에 의해 열의 일부가 빠져나가기 때문이다.

례한다(그림 26). 해양 지각의 나이는 해저의 확장 속도와 해령으로부터의 거리에 의해 알아낼 수 있다. 해령 부근의 젊은 해양 지각에서는 균열을 통해 일어나는 열수 순환으로도 열이 제거되므로, 전도에 의한 열류량이 이론값 아래로 떨어진다. 해양판은 시간이 지나면서 냉각될 뿐만 아니라, 연령의 제곱근에 비례하여 두꺼워진다. 해령의 축에서 갓 생겨난 암권의 두께는 몇 킬로미터에 불과하지만, 시간이 지남에 따라 두꺼워지며, 생성된 지 6000만 년쯤 된 암권의 두께는 약 100킬로미터까지 증가한다. 게다가 판이 노화되고 냉각될수록 판은 점점 더 촘촘해져서 아래로 가라앉는다. 결과적으로, 바다의 깊이도 판의 수명의 제곱근에 따라 증가한다. 해양판이 인접한 판과 수렴하는 곳에는 깊은 해구가 형성된다. 이러한 해구는 전 세계의 해양에서 가장 깊은 부분이며, 매우 낮은 열류량 값을 특징으로 한다.

판이 수렴하는 판과의 경계에서 섭입할 때는 차가운 슬래브가 맞닿는 가장자리가 휘어지면서 뜨거운 맨틀의 아래로 내려간다. 열전도는 느린 과정이며, 수백만 년 동안 섭입된 슬래브의 내부는 주위보다 차갑고 밀도가 높다. 슬래브는 '음의 부력'을 받아 밀도가 낮은 상부 맨틀로 가라앉는다. 이 과정에서 슬래브는 판을 당기며, 이 힘은 판에 작용하는 다른 힘보다 강하다. '슬래브 당김slab pull'은 판의 운동을 지배하는 힘이다.

## 지구 내부의 온도

지진파의 속도, 밀도, 중력에 비해 지구의 깊이에 따른 온도는 잘 알려져 있지 않다. 시추공이나 깊은 광산이 뚫고 들어간 수 킬로미터보다 더 아래 지하는 직접 측정이 불가능하다. 온도는 일반적으로 깊이에 따라 증가하며, 이를 나타내는 곡선을 지온선geotherm이라고 부른다. 깊이에 따른 온도는 표면 암석의 연령뿐만 아니라 그 지역 지각 조건의 영향을 받는다. 이 곡선은 정확히 알려져 있지 않다. 중요한 깊이의 온도 추정치는 수백 도씩 차이가 나기도 한다. 지표면 근처의 온도 기울기는 킬로미터당 평균 25~30도다. 이 속도로 계속 증가하면 지구 중심부는 20만 도라는 비현실적인 온도에 이를 것이며, 내부는 대부분 녹아버릴 것이다. 지진파의 결과는 그렇지 않다는 것을 보여주므로, 온도 기울기는 깊이에 따라 감소해야 한다. 온도 기울기는 지각에서 가장 가파르고 맨틀에서 훨씬 천천히 증가한다.

지온선과 용융이 시작되는 온도('연화점')의 관계는 지진파 이동 시간으로 알아낸 지구 내부 구조의 물리적 상태를 통해 추론할 수 있다(그림 10). 핵 안에서는 압력이 매우 높기 때문에 핵의 주성분인 철의 녹는점이 높아져서, 주변이 고온인데도 내핵이 고체인 상태로 유지된다. 이는 내핵의 온도가 내핵의 조건에서 철이 녹는점보다 낮다는 것을 의미한다. 반면에 외핵은 용융 상태여서, 온도는 철이 녹는점보다 높다. 내핵과 외핵 사이의 경계는 온도 곡선의 고정점anchor point이 되며, 이 깊이에 해당하는 압력과 온도에서 철이 녹는다. 지진파 분석에 따르면 맨틀과 지각은 P파와 S파가 통과할 수 있는 고체이며, 이 영역의 온도는 녹는점 아래에 있다. 약권에서 층밀림 파동의 속도가 줄어든다는 것은 약권의 강성이 떨어진다는 뜻이고, 온도가 연화점에 가깝다고 볼 수 있다. 맨틀 전체에 걸쳐 실제 온도와 연화점의 차이는 내부의 여러 부분이 장기간에 걸쳐 흐를 수 있는 능력을 결정한다. 결국 이것은 지구 표면에 있는 판의 움직임에 영향을 주고, 서로 상호작용하는 지각의 운동을 결정한다.

지구 내부에 접근할 수 없다는 것은 온도-깊이 프로필(그림 27)을 간접적으로 결정해야 한다는 것을 의미한다. 이것은 부분적으로 맨틀과 핵을 구성하는 물질의 알려지거나 추정된 특성을 바탕으로 하는 이론적 모형에서 얻는다. 실제의 온도-깊이 곡선에 대한 중요한 제한은 단열 온도 프로필이다. 단열 과정은 열의 출입이 없는 과정이다. 어떤 과정이 너무 빨리 진행되어 열 교환이 일어날 겨를이 없는 경우 단열 과정이 일어날 수 있으며, 지진파가 통과하는 동안 압축과 팽창이 빠르게 일어나는 경우도 이에 해당될 수 있다. 단열 조건에서 깊이에 따른 온도 변이는 단열 온도 기울기를 정의한다. 열팽창계수와 비열 같은 물리적 특성과 단열 기울기의 관계는 열역학의 방정식들에 의해 잘 이해되고 설명된다. 이 방정식들은 일관된 물리적·열적 특성을 가진 하부 맨틀이나 외핵과 같은 영역에 적용할 수 있다. 그 결과는 외핵에서 킬로미터당 절대온도 약 0.8도(0.8K/km)의 단열 온도 기울기를 나타낸다.

실제의 온도 프로필의 또 다른 한계는 깊이에 따른 연화점 곡선의 거동이다. 주요 깊이에서 광물이 녹는 온도는 실험실에서 수행하는 고압 실험을 통해 얻는다. 중요한 방법은 다이아몬드

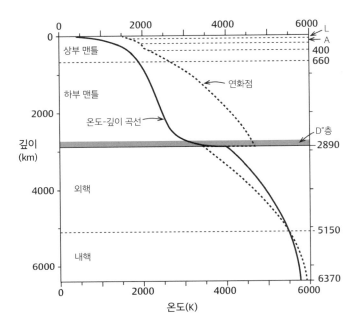

**그림 27** 지구 내부의 깊이에 따른 단열 온도 기울기와 녹는점 온도의 변이.

앤빌셀diamond anvil cell이라는 장치로 생성된 극고압에서 엑스선 회절 방법으로 광물의 구조와 녹는점의 변이를 관찰하는 것이다. 이 방법은 압력을 바꿔가면서 녹는점의 변이를 측정하고, 실험이 불가능한 깊이에 대해서는 이 관찰을 바탕으로 외삽해서 얻는다. 예를 들어 외핵과 내핵의 경계에서 철의 녹는점은 낮은 압력에서 수행한 실험으로 측정하고, 이 값을 바탕

136

으로 경계의 압력인 330기가파스칼(GPa)에 외삽해서 절대온도 6200도의 추정값을 얻는다.

## 열대류와 맨틀의 흐름

온도가 단열 기울기보다 깊이에 따라 더 빠르게 증가한다면 유체에서 어떤 일이 일어날지 생각해보자. 어떤 깊이에서 작은 물질 덩어리가 더 얕은 곳으로 단열적으로 상승하면, 깊이 차이에 따른 압력 강하와 그에 따른 단열적 온도 저하가 일어난다. 그러나 이 온도 저하는 실제의 온도 기울기에서 요구되는 만큼 크게 떨어지지 않으므로, 단열적으로 이동한 덩어리는 주변보다 더 뜨겁고 밀도가 낮다. 이 덩어리는 부력에 의해 계속 떠올라서, 열을 잃고 밀도가 커져서 결국 주변과 평형이 되면 멈춘다. 한편으로 원래의 깊이에서는 빈 공간이 주변의 차가운 물질로 채워지면서 순환이 완결된다. 물질과 열이 함께 전달되는 이 열수송 과정이 열대류다. 결국 대류에 의한 열 손실이 실제의 온도 기울기를 단열 기울기에 가깝게 한다. 결과적으로, 대류에 의해 잘 뒤섞인 유체는 단열 곡선에 가까운 온도 프로필을 나타낸다. 지구의 유체 외핵에서 대류는 열수송의 주된 수단이다.

맨틀에서도 대류는 중요한 열수송 과정이다. 앞에서 보았듯이 맨틀은 점탄성의 성질을 보인다. 맨틀은 지진파가 빠르게 지나가는 동안 탄성 고체처럼 반응하며, 가해지는 응력에 대해 즉각적이고 가역적으로 반응한다. 그러나 장기간에 걸쳐 높은 온도와 압력에서 응력을 받으면 맨틀은 점성이 강한 유체처럼 행동한다. 가해진 응력에 대응하여 시간에 따라 비가역적으로 변형(즉 모양의 변화)이 증가하는데, 이는 맨틀 광물의 결정 결함이 이동하기 때문이다. 이 과정은 열에 의해 활성화되는 과정으로, 온도가 증가함에 따라 변형 속도가 빨라진다. 그러므로 맨틀이 장기간에 걸쳐 뜨거운 점성 유체처럼 흐를 수 있으며, 온도에 의한 질량과 열의 이동, 즉 열대류가 일어난다.

맨틀에서 흐름이 일어나는 시간 규모를 이해하는 것이 중요하다. 이 흐름의 속도는 우리가 잘 아는 혈액이나 엔진오일 같은 끈끈한 액체의 흐름과 완전히 다르다. 혈액과 엔진오일의 점도는 각각 물의 3배와 250배이지만, 맨틀은 훨씬 더 딱딱하다. 하부 맨틀의 점도 추정값은 약 $10^{22} \mathrm{Pa \cdot s}$(파스칼·초)로 물의 $10^{25}$배다. 이것은 엄청나게 큰 값이다(지구 전체의 질량에 대한 1킬로그램의 질량 비율과 비슷하다). 맨틀의 점도는 다양하며, 상부 맨틀의 점도는 하부 맨틀에 비해 20배 이상 낮다. 맨틀은 다른 면에서는 고체지만 결함의 이동에 의해 흐름이 일어난다. 이 흐름은 1년에 몇 센티미터 정도씩 일어나는 느린 과정이다. 그러나 지질학적 과정은 수천만 년 또는 수억 년이라는 매우 긴 시간에 걸쳐 일어난다. 그러므로 맨틀을 통한 열전달에서 대류가 중요한 요인이 될 수 있다.

맨틀 대류의 흐름 패턴은 열경계층thermal boundary layer의 영향을 받는데, 이는 점성 유체의 흐름 성질과 열전달의 메커니즘이 변화하는 층이다. 차가운 암권에서는 전도에 의해 열이 전달되는데, 이것이 상부 경계층을 형성한다. 또 다른 하나는 코어-맨틀 경계 위의 뜨거운 D″층으로, 여기에서 유체 핵과 점탄성을 띤 맨틀이 만난다. 지진파의 이상이 나타나는 이 영역에서는 외핵과 하부 맨틀 사이에서 온도가 절대온도 1400도 정도로 급격하게 떨어진다. 온도 차이가 크기 때문에, 이 층은 맨틀 대류에서 중요한 역할을 한다. 이것은 핵-맨틀 경계를 통과하는 열류량에 영향을 미치므로, 지자기장이 생성되는 과정에 영향을 줄 수 있다.


## 맨틀 대류와 플룸

맨틀 대류는 지구의 차가워진 역사와 진화에 중요한 역할을 한다. 암권은 해령에서 생성되고, 오래된 암권은 섭입대에서 소멸되며, 이 순환은 맨틀 대류에 의해 유지된다. 가장 깊은 지진은 섭입대에서 발생하지만, 진원의 깊이가 660킬로미터 이하인 경우는 매우 드물다. 심발 지진의 진원 메커니즘은 가라앉는 판이 이 깊이에서 압축되고 있다는 것을 나타내는데, 이는 전이대 transition zone보다 더 깊은 영역으로의 섭입에 대해 저항이 있음을 암시한다. 그러나 지진파 토모그래피에 따르면 차가운 섭입판이 전이대까지 침투할 수 있으며(그림 13 참조), 경우에 따라 핵-맨틀 경계인 D″층까지 내려가기도 한다. 이로 인해, 대부분의 지구동역학자들이 선호하는 전체 맨틀 대류 모형이 나왔다. 이 모형에 따르면 맨틀 전체가 중간의 공간에서 대류한다. 암권은 대류에 참여하여, 딱딱한 외부 뚜껑 역할을 한다. 섭입대에서 암권의 휨은 응력과 내부 변형을 일으켜서, 암권을 개별적인 판으로 쪼갠다. 암권이 판으로 쪼개지는 컴퓨터 모형은 오늘날 판의 크기 분포를 성공적으로 재현했다.

　D″층은 맨틀 대류에서 중요한 역할을 한다. 이 층은 맨틀 플룸의 근원으로 여겨진다. 플룸Plume은 파이프와 같은 도관을 그려 점성이 낮은 마그마가 점성이 더 큰 맨틀을 통해 빠르게 상승하는 것으로 시각화할 수 있다(그림 28). 폭이 100킬로미터에 불과할 것으로 추정되는 좁은 기둥이 맨틀을 통해 빠르게 솟아오르고, 이 과정에서 단면이 버섯처럼 생긴 넓은 첨두부가 발달한다. 암권의 바닥에 도달하면 플룸의 첨두부가 평평해지고 암권이 부풀어 올라 융기의 폭이 1000킬로미터 이상이 되기도 한다. 또한 국지적으로 바다의 깊이가 수백 미터로 줄어들고 지

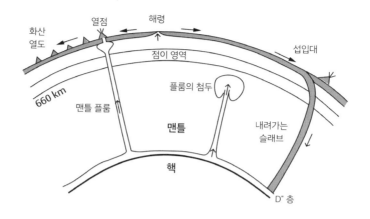

**그림 28** 맨틀의 단면을 단순화한 그림. 맨틀 대류와 관련된 몇 가지 특징을 보여준다.

오이드가 몇 미터쯤 높아진다. 이 두 가지 특징에 대한 증거는 많이 있다.

맨틀 플룸은 지구 표면의 이른바 열점의 근원이다. 열점은 해양(예: 하와이)과 대륙(예: 옐로스톤)에서 판 내부의 열류량이 크고 화산 활동이 지속적으로 일어나는 지역이다. 이것은 판 경계에서 멀리 떨어진 곳에서 일어나는 화산 활동의 한 유형으로, 여기에서 생성되는 현무암은 확장 해령에서 생성되는 현무암과 화학적 조성이 약간 다르다. 세계 전체에 대략 48개의 열점이 있다고 추정되지만, 모든 열점에 대한 증거가 충분하지는 않다. 열점은 맨틀에서 플룸이 위치한 곳에 고정되어 해양판 위에 화산 열도를 형성한다. 판이 그 위로 이동함에 따라, 열점은 일련의 화산섬의 형태로 이동의 흔적을 만든다. 하와이-엠퍼러열도와 같은 여러 열도가 이런 방식으로 형성되었다. 같은 일이 대륙에서도 일어난다. 북아메리카에서는 옐로스톤 열점이 아이다호주와 와이오밍주 북부에 걸쳐 긴 연쇄 화산 지형을 형성했다.

맨틀 플룸은 뜨거운 물질로 이루어진 비교적 얇은 기둥으로 볼 수 있고, 폭은 대략 100~200킬로미터 정도다. 지진학의 방법으로는 열점 아래 좁은 지형이 있는지 명확히 밝혀낼 수 없었다. 그 이유의 일부는, 많은 열점이 해양에 있어서 주로 육지에 있는 지진 관측소 네트워크로부터 멀리 떨어져 있기 때문인데, 이로 인해 플룸의 모양을 알아내기 어려워진다. 지진파 토모그래피로 플룸의 존재를 입증했다고 주장하며 제시된 몇몇 지진파 증거들은 사용된 영상의 획득 방법에 대해 의문이 제기되었다. 반면에 지진파 토모그래피의 결과로 아프리카와 태평양 중앙에서 층밀림 파동의 속도가 느려지는 지역이 발견되었는데, 폭이 수천 킬로미터에 이른다. 이를 슈퍼플룸이라고 부르며, 크기와 형상이 '버섯 모양'의 플룸과는 다르다. 슈퍼플룸 속에서는 층밀림 파동의 속도가 감소하지만 그 구조는 복잡한데, 층밀림 파동 속도의 감소는 온도 이상보다는 조성의 변이로 인한 것일 수 있다.

일부 과학자들은 맨틀 대류의 대안적인 모형을 선호하는데,

이 모형에서는 전이대 660킬로미터 위에서 별도의 순환이 일어난다. 이 순환은 물질이 섭입대에서 해령으로 돌아가는 흐름을 가능하게 하며, 그러자면 맨틀에 2개의 대류 시스템이 있어야 한다. 이 모형에서 섬의 현무암은 상부 맨틀의 얕은 깊이에서 녹아 생긴 것으로 간주되므로, 해령의 현무암과 동위원소의 조성이 다른 것이 설명된다. 이 모형에서는 암권의 확장과 균열에 의해 녹은 부분이 표면으로 솟아올라 열점이 생성되는 것이 가능해진다. 이 모형을 지지하는 과학자는 많지 않지만, 그들의 주장은 격렬한 논쟁을 불러일으켰다.

○

## 7

지구 자기장

## 지자기 다이너모

지구는 자기장으로 둘러싸여 있으며, 이 자기장은 지구 내부의
녹은 핵 안에서 발생한다. 자기장은 우주, 특히 태양에서 오는
해로운 복사를 막아주기 때문에 지구상의 생명체에 매우 중요
하다. 자기장은 수 세기 동안 여행자들이 미지의 지역을 안전하
게 항해하는 데 도움을 주었다. 자기 나침반은 자기장과 정렬되
어 거의 (정확하지는 않지만) 북쪽을 가리킨다. 인류는 작은 방향
편차에 대처하는 법을 알아냈고, 심지어 이 편차를 해석해서 중
요한 금속 자원을 찾는 데 사용하기도 한다. 그러나 대부분의
사람들에게 자기는 신비롭고 거의 알려지지 않은 현상으로 남
아 있다.

자화磁化된 철침을 써서 북쪽을 찾는 자기 나침반이 발명됨에 따라, 자성은 11세기부터 항해에 사용되었다. 1600년에 윌리엄 길버트는 지구 자체가 거대한 자석과 닮았고, 지구 자기력의 중심이 지축 근처에 있음을 보여주었다. 자유롭게 매달린 자석은 지구의 자기장과 일직선을 이루게 되고, 그 양쪽 끝은 남쪽 또는 북쪽을 찾는 극으로 인식되었고, 나중에는 더 짧게 '자기극magnetic pole'으로 불리게 되었다. 극의 개념을 바탕으로, 자성의 법칙에 대한 이해가 나왔다. 두 극이 있는 단순한 자기장을 쌍극자, 네 극이 있는 자기장을 사중극자, 여덟 개의 극이 있는 자기장을 팔중극자 등으로 불렀다. 19세기 초에 모든 자기장(거시적, 미시적, 원자 규모)이 전류로부터 나온다는 것이 명백해졌고, 이로부터 전기와 자기에 대한 적절한 물리적인 이해가 나왔다. 자기극은 가공의 개념이지만 때로는 유용한 개념이다. 자기와 전기의 밀접한 관계는 변화하는 자기장이 도체에서 전류를 흐르게 한다는 발견으로 강조되었다. 1872년에 제임스 클러크 맥스웰James Clerk Maxwell은 전기와 자기 현상에서 알려진 관계를 일련의 방정식들로 정량화했고, 이 방정식들로부터 전자기 복사와 전기, 자기, 빛의 상호관계를 이해할 수 있게 되었다.

지구 내부의 녹은 핵은 자기장을 생성하기 위한 조건을 만족한다. 핵의 유체는 좋은 전기 전도체이므로, 자기장 속에서 핵의 유체가 흐르면서 전류가 유도되고, 이것은 스스로 강화되는 과정을 통해 다시 자기장을 만든다. 핵의 여러 부분에서 일어나는 유체의 흐름과 전자기적 상호작용은 복잡하지만, 자기장이 생성될 때 어떤 일이 일어나는지는 컴퓨터의 엄청난 계산 능력 덕에 모형을 통해 알아볼 수 있다. 이 과정은 외핵에서 일어나는 유체의 난류 운동을 포함한다. 외핵의 유체 운동에는 부력에 의한 열대류 외에도 조성에 의한 대류가 있으며, 조성에 의한 대류는 내부 중심핵의 응고로부터 비롯된다. 핵의 유체는 철, 니켈, 그리고 낮은 밀도의 원소들로 구성되어 있다. 내핵이 굳어서 고체로 되면서, 밀도가 낮은 원소들은 핵의 유체 속에 남겨진다. 이들의 밀도가 낮기 때문에 부력이 커지며, 이로 인해 이 원소들이 상승하면서 조성에 의한 대류가 형성된다.

핵의 유체에서 일어나는 운동은 지구의 회전 때문에 생기는데, 코리올리 효과의 영향을 받는다. 이 힘은 회전축과 운동 방향 모두에 대해 수직으로 작용한다. 앞에서 보았듯이 코리올리 효과는 지구 표면에서 고기압과 저기압의 풍향을 결정함으로써 날씨에 영향을 미친다. 지구 중심부의 유체는 대류를 일으키면서 코리올리 효과에 의해 회전축과 평행한 나선 기둥을 형성한다. 결과적으로 코리올리 효과는 핵에서 흐르는 전류의 기하학적 형태를 결정한다. 부력, 회전력, 코리올리에 의해 다이너모 dynamo(자기장 안에서 운동하는 도체에 발생하는 기전력을 이용하여 전기를 일으키는 장치―옮긴이)가 스스로 유지되며, 여기에서 지자기장이 나온다.

## 지구 자기장

핵 내부에서 자기력선의 형태는 복잡하지만, 중심으로부터 멀어지면서 단순해진다. 1830년대에 카를 프리드리히 가우스Carl Friedrich Gauß는 지자기장을 자세히 설명하기 위해 구면조화 spherical harmonics 함수를 개발했다. 1839년에 가우스는 당시의 부족한 데이터를 이용하여 대부분의 자기장이 쌍극자와 일치하고 지구 내부에서 발생한다는 것을 보여주었다. 구면조화 분석은 현대 지구물리학에서 자기, 중력, 열 등 다양한 지구물리학적 성질의 전 지구적 분포를 설명하기 위해 사용된다. 이를 지자기장에 적용해서, 국제표준지자기장International Geomagnetic Reference Field(IGRF)을 정의한다.

IGRF는 주어진 위도와 경도에서 현재의 자기장을 가장 잘 나타내는 이론적인 자기장이다. IGRF는 일련의 항목들로 구성되어 있고, 차례대로 점점 더 작고 세밀한 특징들을 나타낸다. 그러나 지자기장의 방향과 세기는 시간에 따라 천천히 변하는데, 이를 영년변화secular variation(영년은 매우 천천히 변한다는 뜻이다)라고 부른다. 어떤 영년변화는 몇 달, 몇 년, 몇 세기 등 인간

의 시간 규모에서 일어나지만, 다른 것들(특히 쌍극자)은 수천 년
에서 수백만 년에 이르는 시간 규모에서 일어난다. 단기적 변화
에 대처하기 위해 자기장을 지속적으로 모니터링해서 보통 4년
마다 정기적으로 IGRF의 계수를 갱신하고 있다.

지구 표면의 자기장은 주로 기울어진 쌍극자의 장이다(그림
29). 전체 자기장에서 가장 잘 맞는 쌍극자 장을 빼고 남는 장을
비쌍극자장non-dipole field(NDF)이라고 한다. 비쌍극자장에는
두 가지 근원이 있다. 파장이 긴 성분은 용융 핵에서 쌍극자를
생성하는 유체 운동에 의해 함께 생성된다. 파장이 짧은 성분은
지각 속의 자화된 암석 때문이며, 근원의 크기는 수 킬로미터에
서 수백 킬로미터에 이른다.

자기장은 자력계magnetometer라는 장치로 측정한다. 이 장치
는 원래 제2차 세계대전 때 잠수함을 막기 위해 설계되었지만,
나중에는 지구물리학 탐사에 널리 사용되었다. 자력계에는 크
게 두 가지 유형이 있다. 스칼라 자력계는 자기장의 전체 세기
를 측정한다. 벡터 자력계는 알려진 방향을 따라 자기장 성분을
측정한다. 서로 직각으로 배열된 3개의 벡터 센서로 장의 세기
와 방향을 모두 측정할 수 있다. 자기장의 측정 단위는 테슬라
다. 1테슬라는 매우 강한 자기장이고, 지구물리학에서 볼 수 있
는 값보다 훨씬 크다. 1테슬라를 만들기 위해서는 큰 코일 또는
전자석이 필요하다. 자력계의 감도는 테슬라의 10억 분의 1인

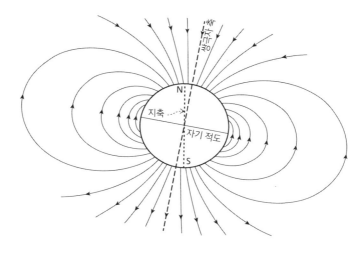

**그림 29** 지구의 쌍극자 자기장의 모식도. 지축에서 10도쯤 기울어 있다. 자기력선이 지표면을 통과하는 복각은 위도가 높아질수록 점점 더 급해진다.

나노테슬라(nT)보다 민감하다. 이것이 지자기장과 그 이상에 대한 실질적인 측정 단위다. 발전된 자력계의 감도는 약 0.01나노테슬라다. 지자기장의 평균 세기는 약 5만 나노테슬라다.

자력계는 자기 관측소와 같은 고정된 위치에 설치할 수 있다. 전 세계 관측소 네트워크는 지구 자기장을 지속적으로 관찰하며 시간에 따른 변동을 기록하고 있다. 이와 별도로, 자력계는 이동 가능하며 좁은 지역과 넓은 지역 또는 지구 전체를 탐사할 때 사용할 수 있다. 지표면 또는 지표면에 가까운 높이의 야외 조사에서는 선박이나 항공기에 자력계를 장착할 수 있다. 자기

측량은 비교적 비싸지 않고 빠르다. 결과적으로, 이것은 응용지구물리학에서 중요한 기술로, 미지의 지역에서 광물 자원을 탐사할 때 사용된다. 또한 환경지구물리학과 고고학에서 현지 조사를 할 때 사용된다. 모든 자기 조사의 목적은 측정된 자기장이 예상되는 이론적인 값과 다른 장소를 찾는 것이다. 자기 이상이라고 부르는 편차는 지표면 아래 자화량의 비균질성 때문이다. 어떤 이상은 국소적이고, 얕은 곳이 원인이며, 이를 통해 광맥이나 상업적 관심의 대상인 지질학적 구조와 같은 지각적 특징을 알아낼 수 있다. 넓은 지역에 걸친 이상의 원인은 깊은 곳에 있다.

중요한 지역적 자기 이상은 남대서양에서 발견된다. 비쌍극자 자기장의 지리적 분포 지도를 보면 대서양에서 남아메리카 동쪽까지 넓은 이상 지역이 있는데, 이 지역에서 비쌍극자장은 큰 음수 값이다. 남대서양 이상의 기원은 이상 지역 아래의 핵-맨틀 경계 영역에 원인이 있으며, 자기장의 방향이 일반적인 방향과 반대다. 이 역방향의 자기 다발에 의해 그 지역의 전체 자기장이 감소한다. 자기장은 전류에 영향을 미치며 지구의 자기장은 우주에서 지구로 끊임없이 들어오는 전하를 띤 입자들을 막아준다. 남대서양 이상은 국소적으로 차폐 효과를 감소시켜서 외계의 방사선이 지구 표면에 더 가까이 올 수 있게 한다. 증가된 방사선량은 특히 태양이 엄청난 양의 하전 입자를 방출하는 시기에 통신 위성을 방해하고 이 지역을 고공비행하는 항공기의 승무원과 승객들의 건강을 위협할 수 있다.

1980년 이래로 수행된 몇몇 우주 계획(MAGSAT, ØRSTED, CHAMP, SWARM과 같은 두문자어로 나타낸다)은 지자기장 측정만을 목적으로 한다. 이러한 인공위성 자기 탐사는 이 분야에 대한 우리의 지식을 크게 향상시켰고, 특히 이전까지 해양과 육지의 조사가 불가능했던 지역에 대한 정보를 채워주었다. 이러한 유형의 인공위성 자기 탐사의 예로는 유럽우주국European Space Agency(ESA)이 2013년에 발사한 SWARM 계획이 있다. 이 계획에서는 극에 가까운 궤도를 도는 3개의 위성이 독창적인 배치로 비행하는데, 각각의 위성에는 벡터와 스칼라 자력계가 있다. 두 위성은 460킬로미터의 초기 고도로 각각 150킬로미터나 떨어져서 나란히 궤도를 돌고 있으며, 세 번째 위성은 약 530킬로미터의 고도에서 궤도를 돌고 있다. 이 위성들이 측정한 값을 쌍으로 결합하면 수평과 수직 방향의 자기장 변화율 측정기로 사용할 수 있는데, 이것으로 두 위치의 지자기장 차이를 측정한다. 이러한 배치는 지자기장의 일변화日變化를 최소화하고 소규모 자기 이상을 식별하는 능력을 증가시킨다. 이 위성들의 데이터는 지구 표면의 자기장에 대한 더 나은 측정값을 제공하는 것 외에도, 핵 표면의 자기장에 대한 더 자세한 그림을 얻는 데도 도움을 준다. 또한 이 위성들은 짧은 시간 규모의 자기장 변화도 기록한다.

현재의 지자기장에 가장 잘 맞는 쌍극자의 축은 자전축에 대해 10도쯤 기울어져 있다. 이 자기장의 극은 쌍극자 축이 지구 표면을 가르는 곳에 있다. 자북극은 캐나다 북부인 북위 80.4도, 경도 76.7도에 있으며, 남극은 남반구에서 같은 위치에 있다. 그러나 비쌍극자장이 존재한다는 것은 이 극에서 전체 자기장이 수직이 아님을 의미한다. 전체 자기장이 수직이 되는 곳을 복각의 자기극이라고 한다. 이 극은 양쪽이 대칭이 아니며, 각각 북위 86.3도, 서경 160도와 남위 64.2도, 동경 136.5도에 있다. 이것은 대개 나침반 바늘이 자전축에 의해 정의되는 지리적 북극을 가리키지 않음을 의미한다. 따라서 항해에 자기 나침반을 사용할 때는 지역적 편차에 대한 보정이 이루어져야 한다.


## 태양이 지구 자기장에 미치는 영향

태양은 강력한 자기장을 가지고 있는데, 이 자기장은 어느 행성보다 월등히 크다. 이 자기장은 태양의 핵에서 일어나는 대류에서 발생하며, 흑점이라고 부르는 태양 표면의 온도가 정상 온도보다 낮은 영역을 형성하기에 충분할 정도로 불규칙하다. 흑점은 태양의 대기에서 하전 입자(전자, 양성자, 알파 입자)의 방출에 영향을 미친다. 이 입자들은 서로 묶여 있지 않고, 초음속으로 퍼져나가는 플라스마를 형성한다. 이러한 전하의 흐름을 태양풍이라고 부르며, 태양풍은 행성간 자기장interplanetary magnetic field으로 알려진 자기장을 동반한다. 태양에서 나오는 하전 입자의 양은 일정하지 않으며, 태양 자기장의 변화에 따라 달라진다. 태양의 자기장은 11년마다 극성이 반대로 되면서 이 주기와 비교할 만한 정도의 흑점 활동 변화를 일으키는데, 이에 따라 태양 플라스마의 방출량도 변화한다. 이로 인해 태양풍의 세기도 변하고, 지구를 비롯한 다른 행성들의 자기장과의 상호작용에도 영향을 미친다.

태양풍은 행성의 자기장에 의해 행성 주위에서 그 방향이 바뀐다. 행성 자기장은 태양 복사의 유입을 차단하고 대기가 날아가는 것을 막는데, 화성과 달에서는 태양풍에 의해 대기가 사라졌을 수 있다. 행성의 자기장이 행성간 자기장보다 강한 지구(그리고 거대 행성들과 수성) 주위의 영역을 자기권magnetosphere이라고 한다. 그 모양은 배가 지나갈 때 생기는 선수파bow-wave와 닮았다. 지구의 경우 속도가 초당 약 400킬로미터의 초음속 태양풍이 지구 표면 위 9만 킬로미터에서 지자기장과 마주칠 때 자기권이 생긴다. 이것은 지구에서 낮 지역의 자기장을 압축하여 약 17킬로미터 두께의 활모양 충격파bow shock를 형성하고, 이로 인해 지구 주위의 태양풍 대부분이 지구를 비껴간다. 하지

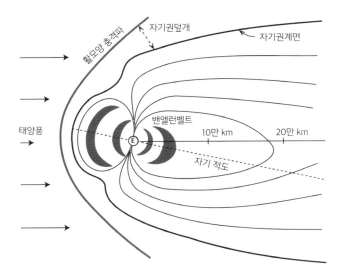

자기권덮개

자기권계면

활모양 충격파

태양풍

밴앨런벨트

10만 km     20만 km

자기 적도

E

**그림 30** 지구의 자기권. 주요 특징들과 밴앨런벨트의 위치를 보여준다(비율은 무시됨). 여러 층으로 이루어진 전리층은 지구에 너무 가까이 있어서 여기에 나타낼 수 없다.

만, 플라스마 중 일부는 이 장벽을 뚫고 자기권덮개magnetosheath 라고 부르는 영역을 형성한다. 플라스마와 자기장 사이의 경계면을 자기권계면magnetopause이라고 부른다. 태양풍은 지구에서 밤에 해당하는 부분에 자기장을 길게 늘어뜨리며 지자기꼬리magnetotail를 형성하는데, 지구로부터 '순풍 방향'으로 수백만 킬로미터까지 뻗어 있다(그림 30). 다른 행성들의 자기장도 비슷한 특징을 보인다.

태양풍은 대부분 지구 옆으로 지나가지만, 하전 입자 중 일부는 자기장으로 들어와서 그 속에 갇힌다. 이 입자들이 지구 자기축을 감싸는 2개의 큰 도넛 모양의 방사선 띠인 밴앨런벨트 Van Allen belt를 형성하는데, 자기 적도의 양쪽으로 최대 20도의 위도를 차지하고 있다. 안쪽 띠는 지구로부터 1000~3000킬로미터 떨어져 있고, 바깥쪽 띠는 2만~3만 킬로미터 떨어져 있다. 예전에는 이 복사의 띠가 우주선과 탑승자들에게 위험할 것으로 생각했지만, 실제로는 그렇지 않은 것으로 보인다. 태양에서 오는 매우 짧은 파장 영역의 복사는 얇은 대기권 상층부에서 대부분 흡수되며, 여기에서 엑스선, 감마선, 자외선이 공기 분자를 이온화한다.

이온화에 의해 생성된 하전 입자들은 지구 전체로 퍼지고 동심구의 껍질 형태를 이루면서 축적되어 전리층을 형성한다. 전리층은 지구 표면으로부터 약 60킬로미터에서 1000킬로미터 사이의 고도에 있는 5개 층으로 구성되어 있다. 이온화된 층은 전파를 반사하고, 전파는 전리층과 지표면 사이에서 여러 번 반사하면서 전 세계를 돌아다닐 수 있어 전 지구적 무선 통신이 가능해진다. 전리층에서 일어나는 이온의 흐름은 자기장을 만드는데, 이것이 지구상에서 감지된다. 이 자기장은 30~50나노테슬라의 크기로 하루 주기로 약간의 자기장 변화를 일으키는데, 자기 조사 중에 보정이 필요할 만큼 충분히 크다. 태양의 활동이 많을 때 태양 플라스마가 갑자기 많이 나오면 자기장이 크게 변하는데, 이것을 자기 폭풍이라고 부른다. 태양의 활동량이 적은 날(Sq데이Sq day라고 한다)(S는 solar, q는 quiet의 약자다—옮긴이)에 전리층에서 흐르는 전류가 만드는 자기장은 지구의 내부 전기 전도도를 전자기적으로 조사하는 데 사용된다. 전리층에서 10~1000초 범위의 긴 주기를 가진 자기장은 지구의 전도층에 전류(지전류telluric current라고 부른다)를 유도할 수 있다. 지전류는 지표면에서 측정할 수 있는 자기장을 일으키며, 이것을 분석해서 지각, 암권, 상부 맨틀의 전기 전도도에 대한 정보를 얻을 수 있다. 이 방법을 자기지전류 탐사magnetotelluric sounding라고 부르며, 지각과 상부 맨틀의 구조에 대한 비상업적인 연구뿐만 아니라 광물과 석유의 탐사에도 사용된다.

10년 동안 이어진 CHAMP의 관측과 함께 SWARM 계획의 지자기장 측정은 매우 정밀해서, 바다의 조석으로 일어나는 2차 자기장도 탐지하고 이용할 수 있다. 바닷물에 녹아 있는 소금의 농도가 매우 높으므로, 바닷물은 좋은 전기 전도체다. 조석에 의해 바닷물이 지자기장 안에서 움직이면 약한 전류가 유도된다. 이는 다시 상부 맨틀에 전류를 유도하고, 이 전류가 일으키는 자기장이 위성에 의해 기록된다. 이러한 신호들을 해석하면 해저의 암권과 상부 맨틀의 전기 전도도에 대해 더 많은 정보를 얻을 수 있다.

## 다른 행성들의 자기장

수성은 태양에서 가장 가까운 암석 행성이며, 쌍극자에 가까운 자기장을 갖고 있다. 그러나 메신저 우주선은 수성의 자기장이 지구보다 100배쯤 약하고, 강한 태양풍(수성이 태양에 가깝기 때문에)으로 인한 외부 자기장과 그 세기가 비슷하다는 것을 발견했다. 그 결과로 수성의 활모양 충격파는 표면에 매우 가깝다.

금성을 스쳐 지나간 우주선(1962년 매리너 2호)이나 금성 궤도를 선회한 우주선(2006년 비너스 익스프레스)의 데이터는 금성에 주목할 만한 자기장이 없음을 밝혀냈다. 이는 금성의 자전이 매우 느리기 때문일 수 있다. 금성의 하루는 지구의 243일과 같다. 자전 그리고 자전에 의한 코리올리 힘은 대류와 함께 저절로 유지되는 다이너모에 필수적인 요소이기 때문에, 금성은 자기장을 생성하기에 충분히 빠르게 회전하지 않을 가능성이 있다. 화성과 달에는 현재 쌍극자 자기장이 없지만, 궤도를 도는 위성들은 그 천체들의 표면에 있는 암석의 자화된 영역과 관련된 자기장을 감지했다. 이는 두 천체에 모두 각각 지질학적 과거에 내부에서 생성되는 자기장이 있었을지도 모른다는 것을 암시한다. 달에는 지각, 맨틀, 그리고 작은 핵이 있다. 그러나 달 내부에 있는 핵의 반지름은 달의 약 10퍼센트에 불과하며, 다이너모가 유지되기에는 너무 작다. 화성에 보낸 인공위성은 지각에서 자화된 덩어리를 탐지했지만, 이 행성에는 내부의 다이너모에 의한 행성 자기장이 없다.

기체로 이루어진 거대 행성인 토성, 천왕성, 해왕성은 중심에 지구보다 강한 쌍극자가 있지만, 이 행성들은 너무 커서 표면의 자기장이 지구보다 약하다. 반면에 목성은 액체 금속 수소로 이루어진 중심 다이너모에 의해 생성된 거대한 자기장이 있다. 목성의 쌍극자는 지구의 쌍극자보다 2만 배 더 강하며, 목성 내부에서 더 큰 부분을 차지한다. 그 결과 목성에서는 비쌍극자 자기장 성분이 쌍극자에 비해 강하지만, 그럼에도 불구하고 쌍극자가 지배적이다. 기체 행성인 목성은 표면이 단단하지 않지만, 표면이라고 할 만한 반지름에서 자기장은 지구보다 14배 더 강하다.


## 암석의 자기적 성질

지구 자기장은 현재 지구 깊은 곳에서 일어나고 있는 과정에 대한 정보를 제공하며, 과학자들이 지질학적 과거에 행성을 변화시킨 지각의 과정을 이해하는 데 도움을 준다. 암석 중에는 자기적 성질을 띠는 것도 있기 때문에, 이를 바탕으로 고대 지자기장의 특성을 연구할 수 있다. 암석의 광물 중 작은 부분(화성암과 변성암에서는 1퍼센트까지 존재하지만 퇴적암에서는 0.01퍼센트에 불과하다)은 철과 유사한 자성을 띠는데, 이것은 느슨하게 강자성으로 분류된다. 이 광물들의 중요한 특징은 광물이 형성되던 당시의 지자기장에 의해 영구적으로 자화되어 잔류 자기remanent magnetization를 얻을 수 있다는 것이다. 마찬가지로 중요한 것은, 광물들이 매우 오랜 시간 동안 잔류 자기를 유지할 수 있다는 것이다.

암석은 왜 자기 기록 장치 역할을 할 수 있을까? 일부 암석과 퇴적물에서 자화가 특별히 안정적인 이유는 속에 있는 자석 광물의 낱알 크기가 아주 미세하기 때문인데, 그중 가장 중요한 것은 산화철인 자철석과 적철석이다. 화성암은 뜨거운 액체 마그마로부터 형성된다. 마그마가 식어서 굳어질 때 광물은 미세한 낱알과 같은 결정 구조를 형성한다. 이것이 점점 더 식으면서 암석 속의 자철석과 적철석 낱알은 퀴리점Curie Point이라고 부르는 임계 온도를 통과한다. 이 온도 아래에서 낱알들은 작은 자석과 같은 성질을 띠며, 각각의 낱알은 분명하게 서로 구별된다. 낱알들은 고체 암석에 고정되며, 낱알 내부의 자화는 식을 때의 지자기장 방향으로 정렬한다. 암석이 이후의 과정에 의해 변형되지 않는 한, 뜨거운 상태에서 식으면서 얻은 잔류 자기는 영구적이다. 예를 들어, 판의 가장자리에서 형성되는 해양 지각은 화성암인 현무암으로 구성되어 있는데, 현무암은 지자기장 속에서 주변과 같은 온도로 냉각되면서 자화된다. 1억 년 전에 형성된 해양 지각에서 추출한 현무암은 여전히 식을 때의 자기장 방향으로 자화되어 있다.

퇴적암도 형성되는 시기의 자기장을 기록할 수 있다. 바위가 풍화되고 침식될 때, 미세한 알갱이들이 바람이나 물에 의해 운반되어 강바닥, 호수, 바다에 퇴적된다. 물에 잠긴 퇴적물 속의 미세한 자철석 낱알은 작은 나침반 바늘처럼 행동할 수 있고, 침전 중 또는 직후에 자기장에 대해 정렬할 수 있으므로, 퇴적되는 시점의 지자기장 방향으로 자화되며, 약하지만 안정적으로 유지된다. 잔류 자기는 퇴적암을 단단하게 하는 자연적인 지구화학적 과정을 거치면서 퇴적암에 고정된다. 용암에서처럼, 이 자화도 매우 오랫동안 그대로 유지될 수 있다. 예를 들어, 아펜니노산맥과 베네치아알프스의 석회석의 자화는 1억 5500만 년 전부터 2500만 년 전까지 지속된 쥐라기 후기와 백악기, 팔레오기의 지자기장에 대한 충실한 기록을 여전히 가지고 있다.


## 고지자기장

암석과 퇴적물의 자화에 기록된 영년변화에 대한 조사에 따르면 긴 지질학적 시간 동안 평균적인 쌍극자 기울기와 비쌍극자장 성분은 0에 가까운 평균값을 가진다. 이것은 장기적으로 자기장이 지구의 중심에서 자전축과 일치하는 축을 가진 쌍극자에 해당한다는 것을 의미한다. 이것을 지구중심축 쌍극자 geocentric axial dipole(GAD) 가설이라고 한다. 이것이 고지자기학의 근본 가정이며, 고지자기학은 수억 년에 걸쳐 대륙들의 상대적인 움직임을 기록함으로써 자기장의 극성이 여러 번 바뀌었음을 보여주었다.

고지자기학의 방법에서는 암석의 잔류 자기의 방향을 복각 inclination과 편각declination의 두 가지 각도로 측정한다. 복각은 지구중심축 쌍극자장의 방향과 지구의 수평 표면 사이의 각도이며, 편각은 퇴적층의 자북 방향과 지리적 북쪽 사이의 각도다. 자화의 기울기는 자화될 때의 자기장의 기울기와 같으며 따라서 위도에 따라 달라진다(그림 29). 자기 북극에서 자기장은 수직으로 아래를 가리키고 복각은 90도다. 극에서 멀어지면 복각은 점점 기울어져서 적도에서 수평이 된다. 남반구에서는 자기장이 위쪽을 향하고 음의 복각이 점점 급해지다가 자기 남극에서 수직이 된다. 간단한 방정식으로 이 변동을 나타낼 수 있고, 자기장의 복각으로부터 그 장소의 위도를 결정할 수 있다. 따라서 암석 노두의 자화 방향의 복각을 알면 그 암석이 형성되던 당시의 위도를 계산할 수 있고, 이로부터 당시에 북극이 있던 곳까지의 거리를 계산할 수 있다. 자화의 편각은 표본을 채취한 장소에서 극까지의 방향을 나타낸다. 따라서 표본을 채취한 장소에서 출발해 편각으로 주어지는 방향으로 복각으로 계산한 거리만큼 가면, 고대의 지자기 북극의 위치를 찾아낼 수 있다. 암석이 형성된 이후 판의 운동으로 인해 고대의 극은 더 이상 현재의 자전축 위에 있지 않는데, 이 극을 가상지자기극 virtual geomagnetic pole(VGP)이라고 부른다.

## 겉보기 극이동과 대륙 이동

모든 연령대의 화성암과 퇴적암에 대한 지자기 연구에서 각 대륙의 연령별 평균 가상지자기극의 위치가 산출되었다. 이 연구의 초기에 특정 대륙에 대한 극이 시간에 따라 움직이는 것처럼 보이는 것이 관찰되었고, 대륙마다 겉보기 극이동apparent polar wander(APW)의 경로가 달랐다. 게다가, 각 대륙은 지리적인 극의 거의 반대편에 있는 고유의 APW 경로를 따르는 것으로 밝혀졌다. 지구중심축 쌍극자는 하나뿐이므로, 명백히 이 쌍극자는 동시에 여러 경로를 따라 움직일 수 없다. 결과적으로, 서로 다른 APW 경로는 각각의 대륙들이 회전축에 대해 상대적으로 움직였다는 증거다. 대륙의 이러한 느린 움직임은 20세기 초에 대서양을 사이에 둔 양쪽 대륙의 해안선과 지질학적 특징의 대칭성을 설명하기 위해 다른 증거에 기초하여 처음 제안되었다. 이 이론은 논란을 불러일으켰고, 대륙을 움직이는 적절한 메커니즘을 발견할 수 없었기 때문에 지구물리학자들은 지질학자들의 주장에 반대했다. 대륙 이동에 대한 고지자기적 증거는 1950년대에 더 많아졌지만, 대륙을 움직이는 메커니즘은 판구조론이 나올 때까지 수수께끼로 남아 있었다. 판구조론에 의해 개별 대륙의 APW 경로가 과거에 판이 이동한 흔적임을 알 수 있게 되었다.

APW 경로를 활용하면 대륙의 초기 위치를 재구성할 수 있다. 예를 들어 실루리아기(약 4억 4000만 년 전)부터 쥐라기 중기(약 1억 7000만 년 전)까지 유럽과 북아메리카의 고지자기 자극은 APW 경로를 정의하며, 현재의 지리적 체계에서 멀리 떨어져 있다(그림 31A). 지자기 해석에 따르면 각각의 판이 결합되어 있는 동안 하나의 APW 경로가 형성되었으며, 현재 2개의 경로로 분리된 것은 이후의 지각판 이동의 결과라는 것이다. 변환 단층을 다룰 때 본 것처럼, 지구의 구면에서 지각판의 변위는 기하학적으로 상대적 회전을 하는 오일러 극을 중심으로 판을 회전시키는 것과 같다.

대서양의 지질학적 역사를 재구성하기 위해, 오일러 극을 중심으로 현재의 자전축에 가깝게 유럽판을 시계 방향으로 38도 회전시키면, 유럽 APW 경로가 북아메리카 APW 경로와 겹치

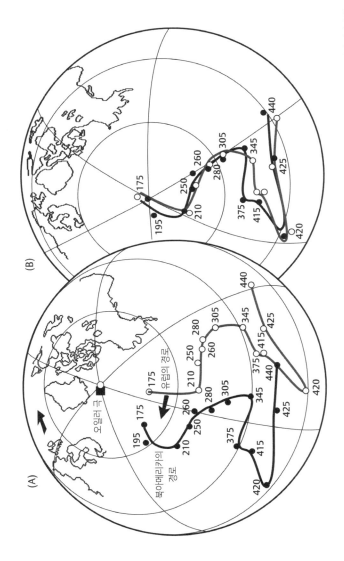

**그림 31** (A) 실루리아기부터 쥐라기 중기까지의 북아메리카(검은 점과 곡선)와 유럽(흰 점과 회색 곡선)의 APW 경로. (B) 유럽 경로를 현재의 지리적인 축에 가깝게 회전축(작은 사각형)에 대해 시계 방향으로 38도 돌리면 APW 경로가 겹친다. 작은 숫자들은 100만 년 단위로 대략적인 연대를 나타낸다.

는 위치로 이동한다(그림 31B). 이것은 두 대륙이 오르도비스기 후기(4억 2500만 년 전)부터 쥐라기 전기(1억 7500만 년 전)까지 붙어 있었다는 것을 보여주는데, 이는 APW 경로의 공통적인 부분이 나타내는 기간이다. 대서양은 쥐라기 중기 이후인 약 1억 7000만 년 전에 생겨났고, 판 운동의 현재 단계는 유럽과 북미 대륙을 현재의 위치로 이동시켰다.

여러 대륙에 대해 이러한 유형의 분석이 이루어졌고, 판의 이동에 대해 알 수 있게 되었다. 먼 과거에 판들이 충돌하여 초대륙을 형성했고, 그 후에 다시 분리되었다. APW 곡선의 일치(그림 31B)는 초대륙인 유로아메리카의 존재를 나타낸다. 남반구의 대륙에서도 비슷한 결과가 나왔는데, 이들은 남반구 초대륙인 곤드와나에 속해 있었으며, 곤드와나도 나중에 비슷한 방식으로 분리되었음을 알 수 있다. 유로아메리카와 곤드와나는 판게아라는 초대륙의 일부였다. 현재의 모든 대륙을 아우르는 판게아는 약 3억 년 전부터 1억 7000만 년 전까지 존재했다. 판게아도 다른 초대륙에서 나왔을 수 있지만, 이것이 가장 최근의 초대륙이며 가장 잘 알려져 있다.

## 지자기 역전

용암에 보존된 자성을 처음으로 연구했을 때, 암석 표본 중 절 반만이 정상 방향의 자화를 가지고 있다는 것을 알게 되었다. 다시 말해 암석 표본 중 절반은 현재의 자기장과 같은 방향으로 자화되어 있고, 나머지 절반은 반대 방향으로 자화되어 있는데, 이것을 지자기 역전이라고 부른다. 이 증거는 지구의 자기장 극 성이 과거에 여러 번 (정상적인 방향에서 뒤집히거나 그 반대로) 바뀌 었다는 것을 나타낸다. 지난 1억 5000만 년 동안 대략 300번의 역전이 있었고, 그전에 역전된 횟수는 알려지지 않았다. 역전이 일어나는 간격은 시간에 따라 변했다. 1억 2400만 년 전에서 8400만 년 전 사이에 자기장은 전혀 역전되지 않은 채 오랫동 안 일정하게 정상 방향의 극성을 유지했다. 지난 1000만 년 동 안 100만 년에 평균 4~5회의 역전이 있었으며, 가장 최근의 완 전한 역전은 78만 년 전에 일어났다.

자기장의 극성이 바뀌는 정확한 원인은 알려지지 않았지만, 이는 지자기 다이너모를 이용해 현재 연구하고 있는 주제다. 자 기장이 어떻게 생성되고 이 과정이 고체 내핵의 성장과 유체 외 핵의 대류에 의한 하부 맨틀 D″층의 변화와 같은 요인들에 어 떻게 영향을 받는지 알아보려면 모형 연구가 필요하고, 이를 위 해서는 슈퍼컴퓨터를 사용해야 한다. 고지자기 결과는 이러한 계산에 필요한 경계 조건의 일부를 제공한다.

용암과 퇴적물에 대한 연구는 극성이 역전되는 동안 쌍극자의 세기가 한 자릿수쯤 감소한다는 것을 보여주었다. 자기장은 사라지지 않고 낮은 값으로 감소하다가 새로운 극성으로 확실히 바뀐 다음에 다시 커진다. 이 과정에는 약 5000~1만 년이 걸린다. 현재 지자기장의 세기는 100년에 대략 5퍼센트씩 감소하고 있다. 이것이 역전이 시작되었음을 의미하지는 않는다. 세기가 줄어드는 것은 자연적인 변이일 수 있다.

극성 역전이 일어나는 동안 자기장의 방향은 세기보다 더 빠르게 바뀌며, 역전되는 데 약 3000~5000년이 걸린다. 인간의 시간 규모로 볼 때 극성 역전은 매우 느리지만, 지질학적 시간 규모로는 빠르다. 극성이 역전되기 전후의 간격은 안정적이고 훨씬 더 오래 지속된다. 이를 극성의 크론chron이라고 부르는데, 5만 년에서 수백만 년에 이르기도 한다. 한 방향의 극성이 지속되는 시기인 크론은 때때로 매우 짧게 지속되는 반대 극성의 시기에 의해 중단되기도 하는데, 이를 서브크론subchron이라고 부른다. 자기역전의 패턴은 불규칙하지만 시대에 따라 확연하게 차이가 난다. 이를 통해 지질학자들은 역전 패턴을 지질학적 '지문'으로 활용해 퇴적암의 연대를 측정하고 상관관계를 알아낼 수 있다.

화성암은 용융 상태에서 냉각되는 동안 열에 의한 잔류 자화를 겪는다. 화성암은 방사성 광물을 함유하고 있어서 방사성 동위원소 측정법으로 연대를 알아낼 수 있으며, 이것으로 극성의 시간 규모를 파악할 수 있다. 초기의 용암 연구는 지난 수백만 년 동안 정상 극성과 역전된 극성의 특징적인 순서를 보여주었다. 심해의 퇴적암(그림 32B)에서도 곧 동일한 극성 순서가 발견되었는데, 이것이 퇴적과 침전이 일어나는 동안 얻은 잔류 자기다. 자화되는 메커니즘은 다르지만 화성암의 극성과 퇴적암의 극성 기록은 일치하는데, 이는 극성의 순서가 비판자들이 제안했듯이 암석에 우연히 생긴 것이 아니라 지자기장의 특징임을 확인시켜준다. 두 기록에서 극성 역전의 연대는 용암의 방사성 동위원소 연대 측정을 통해 얻는다. 연대를 매긴 극성 순서는 암석과 지질학적 사건의 나이를 결정하는 데 사용할 수 있는 시간 규모와 동등하다. 요즘은 육지에 노출된 해양 퇴적암뿐만 아니라 대양저에서 파낸 퇴적층 표본에 대해서도 수많은 후속 연구가 이루어졌다.

층서학적으로 연대가 알려진 퇴적암에서 자기 극성을 결정하는 것을 자기층서학이라고 한다. 이 연구로 지자기 극성의 시간 규모가 개선 및 확장되었기 때문에, 이제는 1억 7000만 년 전에 판게아가 쪼개진 후 대부분 시간 동안의 과정이 잘 알려져 있다. 이는 용암, 퇴적암, 해양 퇴적물에서 발견되는 극성 순서가 나중에 형성된 해양 지각의 자화에서도 기록되기 때문에 가능

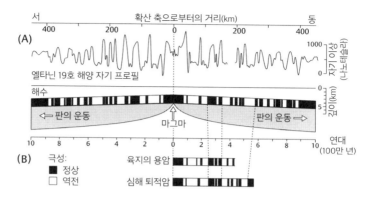

**그림 32** (A) 동태평양 해팽 단면의 해양 자기 이상과, 지자기 극성의 해석된 기록. (B) 육상의 용암과 심해 퇴적물의 자기 층서로 밝혀낸 지자기 극성

하다. 지각의 자화는 지역의 지자기장을 교란하여 이상을 일으키며,(그림 32A) 해양 자기 탐사선 뒤에 매달아서 끌고 가는 자력계로 이것을 측정할 수 있다.

## 대양의 자기 이상과 판구조론

1950년대에 해양지구물리학자들은 태평양에서 강한 자기 이상 패턴들이 평행하게 정렬되어 있는 것을 발견했다. 1963년에 케임브리지대학교의 프레더릭 바인Frederick Vine과 드러먼드 매슈스Drummond Matthews가 이 자기 이상의 기원을 설명했고, 캐나다의 로런스 몰리Lawrence Morley도 이것을 독립적으로 설명했다. 바인-매슈스-몰리 가설은 자기 이상의 줄무늬를 해령의 과정과 연결한다. 해령은 판의 확장 경계이며, 여기에서 생성되는 현무암은 다른 암석들에 비해 강하게 자화된다. 이 현무암은 냉각되던 당시의 주변 지자기장의 방향으로 잔류 자기를 얻는다. 해저의 바닥이 확장되면 자화된 해양 지각이 확장 축으로부터 멀어진다. 그 결과, 해양 지각에는 길이 수백 킬로미터, 폭 10~50킬로미터의 자화된 줄무늬가 특징적으로 나타난다. 이 줄무늬는 확산 해령에 대해 평행하며, 해령을 중심으로 양쪽으로 번갈아가면서 자화되어 있다.

정상적인 방향으로 자화된 지각 위의 자기장은 현재의 자기장과 같은 방향이며, 이것이 강화되어 지자기장이 국소적으로 평균보다 더 커진다. 그 차이는 양의 이상positive anomaly이다. 반면에, 반대 방향으로 자화된 지각은 지자기장을 평균보다 약하게 한다. 이 경우에 차이는 음의 이상negative anomaly이다. 자화된 줄무늬를 가로지르면서 자기장을 조사하면 해양 지각의 자화 방향이 정상인지 반대 방향인지에 따라서 수백 나노테슬라 크기의 자기장이 측정된다(그림 32A). 해령의 반대편에 있는 자기장의 줄무늬 패턴은 대칭이다. 이상의 패턴은 해저가 확장되는 중에 일어난 지자기장 역전에 대한 기록을 제공한다. 해양의 극성 순서는 육지의 용암과 해저에 겹쳐 쌓인 퇴적물에서도 독립적으로 발견된다(그림 32B). 서로 다른 근원에서 나온 기록들은 서로를 확인하고 뒷받침한다. 게다가 용암과 퇴적물의 연대를 알아낼 수 있기 때문에, 암석을 채취하지 않고도 해양 자기 이상에서 나타나는 패턴의 연대를 알 수 있다.

지구물리학자들은 해령의 반대편에 있는 자기 줄무늬를 일치시킴으로써 판의 움직임을 추적하고 시간을 측정할 수 있었다. 예를 들어, 태평양-남극 해령 자기 이상 줄무늬(그림 32A)에서 이상 순서의 중심으로부터 동쪽과 서쪽으로 80킬로미터 떨어진 곳에서 날카로운 양의 이상이 나타난다. 이들은 약 2000만 년 전에, 해령의 양쪽 부분이 확장 축에서 함께 있을 때 동시에 형성되었다. 이후에 일어난 판의 운동에 의해 양쪽이 분리되었다. 해령에 맞닿은 두 판을 함께 뒤로 이동시켜서 같은 자기 이상끼리 일치시키면, 이 판들의 2000만 년 전의 위치를 재구성할 수 있다. 연대가 알려진 자기 이상의 줄무늬 쌍마다 이러한 이동을 계속 반복하면 판과 그 위에 놓인 대륙의 상대적인 운동의 역사가 드러난다. 이 결과는 지자기 APW 경로 일치에서 찾아낸 '대륙 이동'의 재구성보다 더 상세하다. 그러나 이 방법은 형성된 지 1억 6000만 년이 지나지 않은 현재의 바다에만 적용할 수 있다. 겉보기 극 이상 경로를 일치시키는 고지자기 방법은 조금 덜 세밀하기는 하지만, 이 방법을 이용하면 더 오래전의 초대륙을 재구성할 수 있다.

# 8

## 후기

지구물리학은 지구의 행동과 성질을 이해하는 데 많은 중요한 진전을 이루었다. 지구물리학 연구는 사회에 이익을 주는 발견과 발전을 계속하고 있다. 지구에 관련된 여러 가지 문제들(지진이 일어날 시간과 장소를 예측하는 등)은 지구물리학자들이 수십 년 동안 연구해왔지만, 원인이 너무 복잡하기 때문에 풀리지 않은 채로 남아 있다.

정교한 지구물리학적 기술 중 많은 것은 원래 석유 산업과 광업에서 상업적인 목적으로 개발되었지만, 나중에는 일반적인 용도로 사용되었다. 작게 봤을 때, 환경지구물리학 분야는 지진, 자기, 중력, 전자기 방법을 사용하여 지하의 얕은 부분(상층 100미터 정도)을 조사하고 환경과 관련된 문제를 해결한다. 이러한 방법을 적용할 수 있는 전형적인 예는 지질학적 위험의 조사, 지하수, 고고학 발굴 현장 등이 있다. 반대로 규모가 크고 많은 비용이 드는 연구 사례도 있다. 수많은 인공위성 임무가 지구물리학의 목표에 따라 수행되었고, 특히 중력과 자기장에 대한 기존의 지식을 보완하고 보강하면서 지구에 대한 풍부한 양의 새로운 정보를 전달해왔다.

판 이동 속도의 관찰과 측정에서 방법론의 발전을 알 수 있다. 판의 이동 속도는 한때 해령에서의 자기 이상 분석을 통해서만 추정할 수 있었지만, 지금은 인공위성을 이용한 우주 측지 관측으로 보완하고 있다. 서로 다른 대륙의 초장기선 간섭관측계 관측소에서 장기간 측정한 결과로 판의 이동에 의해 일부 대륙의 거리가 달라지는 것이 확인되었다. 예를 들어 북아메리카와 유럽의 초장기선 간섭관측계 관측소 사이의 거리는 연평균 17밀리미터(손톱이 자라는 속도의 절반 정도)의 속도로 계속 멀어지고 있다. 가장 잘 알려진 우주측지학 기술인 GPS는 전 세계에 수신기 네트워크를 설치해서 판의 이동을 직접 관찰할 수 있으며, 아직 확산 해령이 형성되지 않은 초기 판(예를 들어 동아프리카 융기 지역) 경계의 확장 속도도 탐지할 수 있다.

과학의 다른 분야들과 마찬가지로 지구물리학에서도 새로운 가설이 항상 받아들여지지는 않는다. 그 이유가 정치적·인간적 요인 때문일 때도 많이 있다. 프톨레마이오스의 지구 중심 태양계 모형은 행성 운동의 이상을 설명하기 위해 '주전원epicycle'과

'동시심equant' 같은 인위적인 구조를 사용했다. 프톨레마이오스의 체계는 종교의 도움을 받아 1500년 동안 진리로 받아들여졌다. 코페르니쿠스의 태양 중심 모형이 인정을 받은 것은 케플러와 갈릴레오가 행성을 관측한 뒤 제시한 반박할 수 없는 증거가 널리 받아들여진 후의 일이다. 이와 비슷하게, 많은 지구과학자가 판구조론을 받아들인 것은 대서양 심해 시추의 결과 해양 지각의 나이가 중앙해령으로부터 멀어질수록 증가한다는 확실한 증거가 나온 뒤였다. 루이스 앨버레즈Luis Alvarez와 월터 앨버레즈Walter Alvarez가 제안한, 백악기 말(6600만 년 전)에 일어난 수많은 생물의 대량 멸종이 소행성 또는 혜성의 충돌 때문이라는 가설에 대해서도 학계는 비슷한 회의론으로 대했다. 지구물리학자들이 멕시코 유카탄반도 해안을 벗어나 있는 칙술루브에서 충돌로 생긴 구덩이를 찾아낸 뒤에야 마침내 충돌 이론이 일반적으로 받아들여졌다. 비슷하게, 열점의 원인이 되는 맨틀 플룸의 존재는 논란을 일으키는 주제였다. 대부분의 지구동역학자들은 플룸 개념이 열점이 있는 지역에서 관찰되는 지오이드 및 지형 이상과 일치하기 때문에 이 개념을 지지한다. 반면에 몇몇 지진학자들은 플룸 이론이 데이터에 맞지 않는다는 태도를 고수하고 있다. 그러나 열점에 대한 분석은 세 가지 유형이 있음을 알려준다. 어떤 것들은 핵-맨틀 경계에 있는 D″층과 관련되고, 어떤 것들은 아프리카와 태평양 아래의 하부맨틀 슈퍼플룸과 관련이 있으며, 다른 것들은 얕은 근원과 관련된다. 지구 전체의 맨틀 내부 층밀림 파동 속도 모형에 기초한 최근의 지진 분석에 의해, 일부(전부는 아니다)의 열점 아래에 연속적인 수직 기둥 형태로 층밀림 파동의 속도가 낮은 영역이 존재함이 알려졌다. 예상했던 얇은 도관보다 넓기는 하지만, 이는 열점에 대한 플룸 이론을 지진학적으로 뒷받침한다.

지구는 과학 연구를 위한 풍부한 실험실이다. 지구물리학은 항상 지구가 어떻게 작용하는지에 대한 이해를 발전시키는 데 중요한 역할을 해왔다. 또한 지구물리학은 현대 사회가 원활하게 돌아가기 위해 필요한 물질 자원을 찾는 데 없어서는 안 될 역할을 하고 있다. 지구물리학은 인류의 에너지 수요를 공급하는 데 필요한 화석 연료와, 휴대전화 및 컴퓨터 같은 일상적인 도구의 필수 구성 요소인 희토류 금속의 광맥을 찾는 데도 도움을 준다. 반면에 지구물리학은 지진, 화산, 불안정한 경사면을 모니터링하고 쓰나미와 태양 플레어solar flare(태양 대기에서 일어나는 격렬한 폭발로, 모든 파장 영역의 전자기파가 발생한다―옮긴이)가 발생할 때 전기 네트워크에 미치는 나쁜 영향을 경고함으로써 자연재해로부터 사회를 보호하는 중요한 역할을 한다. 많은 자연 현상이 너무나 복잡하기 때문에, 지구물리학 탐사에서 이론에 딱 맞는 데이터가 나오지 않기도 한다. 지구과학자들은 일어나는 자연 현상을 통제할 수 없다. 단지 관찰하고 이해하려고 노력할 뿐이다. 이러한 목표를 달성하기 위한 장비는 놀랍도록 빠르게, 지속적이면서 전반적으로 개선되고 있다. 지구상의 탐사는 이제 우주에서의 관측으로 여러 분야에서 놀랄 만큼 크게 보강되고 있다. 어떤 경우에는 중요한 문제를 명확히 하기 위해 여러 가지 근거를 함께 사용한다. 예를 들어, 고지자기학은 정지해 있는 열점 위로 지나가는 판의 운동을 기록한다. 인공위성과 해양의 중력 관측 및 수심 측량은 융기의 영향을 기록한다. 또한 지진학과 지구화학은 관측의 지구동역학적 기초를 해결하는 데 기여한다. 지구에서 일어나는 과정들은 복잡하고 그 원인은 깊이 숨겨져 있다. 그럼에도 지구물리학의 각 분야에서 현재와 미래 세대의 과학자들은 이 과정들을 이해하기 위한 흥미로운 도전을 계속해나갈 것이다.

○
## 감사의 말

앨런 그린Alan Green이 이 책의 초고를 읽고 비평해주었고, 여러 가지 수정 사항을 알려주고 제안도 해주었다. 내가 그랬던 것처럼 그도 나와의 토론이 즐거웠길 바란다. 나의 아내 마르시아는 불분명하거나 과학자가 아닌 독자들이 이해하기 어려울 것 같은 부분을 지적해주었다. 앨런과 마르시아의 소중한 도움에 감사한다. 페노스칸디아의 융기, EIGEN6S4 지오이드, 지구 전체의 지진 활동도 자료를 친절하게 제공해준 핀란드 지리공간연구소의 마르쿠 포우탄넨Markku Poutanen, 포츠담 독일지구과학연구센터(GFZ)의 크리스토프 푀르스테Christoph Förste, 국제지진학센터의 드미트리 스토차크Dmitry Storchak에게 감사한다. 최종 원고를 수정하고 개선하도록 도와준 익명의 검토자에게도 고마움을 전한다.

## 그림 목록

1    행성들의 상대적인 크기.

2    지구 타원 궤도의 모식도.

3    지구 자전축과 궤도의 세차, 궤도 이심률의 변이.

4    이심률, 세차 지수, 경사의 순환적 변이.

5    지진의 P파와 S파에서 입자의 운동, 그에 따른 지진기록의 사건.

6    지구 자연 진동의 기본 모드.

7    경계면에서 지진파의 반사와 굴절.

8    얕은 암석층이 속도가 빠른 암석층 위에 있을 때 지진파의 반사와 굴절.

9    지구 내부를 통과하는 P파와 S파의 경로와 음영대.

10   천발 지진에서 실체파의 이동 시간 곡선.

     다음 논문의 그림 A1을 변경.

     B. L. N. Kennett and E. R. Engdahl, Traveltimes for global
earthquake location and phase identification, *Geophysical
Journal International*, 105, 429-65(1991). 옥스퍼드대학교 출판부 저
작권 소유.

11   지구 내부의 깊이에 따른 실체파의 속도와 밀도의 변이.

     자료 출처: (1) Density profile, table II in A. M. Dziewonski and

D. L. Anderson, Preliminary Reference Earth Model(PREM), *Physics of Earth and Planetary Interiors*, 25, 297-356(1981); (2) Velocity profiles, table 2 in B. L. N. Kennett and E. R. Engdahl, Traveltimes for global earthquake location and phase identification, *Geophysical Journal International*, 105, 429-65(1991).

12  지구 내부를 자오선으로 자른 단면.

13  통가-피지 섭입대의 단순화된 P파 토모그래피의 단면.
다음 논문의 컬러 도판 4c를 수정.
H. Bijwaard, W. Spakman, and E. R. Engdahl, Closing the gap between regional and global travel time tomography, *Journal of Geophysical Research*, 103, 30,055-78(1998).

14  단층에 의한 지진의 탄성반발모형.

15  지구 전체에서 일어난 지진 15만 7991회의 분포.
국제지진학센터(ISC) 소장 드미트리 A. 스토차크 박사가 제공. <http://www.isc.ac.uk/isc-ehb/>

16  암권의 주요 판.
다음 책의 그림 1.11을 변경.
W. Lowrie, *Fundamentals of Geophysics*, 2nd edn(Cambridge University Press, 2007). 판의 상대적 운동은 다음 논문의 자료로 계산함.
C. DeMets, R. G. Gordon, and D. F. Argus, Geologically current plate motions, *Geophysical Journal International*, 181, 1-80(2010).

17  가상적인 지진 단층면의 수직 단면.

18  세 가지 단층 유형에서의 진원 메커니즘.
다음의 책 그림 3.37을 변경.
W. Lowrie, *Fundamentals of Geophysics*, 2nd edn(Cambridge University Press, 2007).

19  대서양 중앙 해령에서 일어난 지진의 단층면해.
다음 논문들의 자료에 따라 작성. P. Y. Huang, S. C. Solomon, E. A.

Bergman, and J. L. Nabelek, Focal depths and mechanisms of Mid-Atlantic Ridge earthquakes from body waveform inversion, *Journal of Geophysical Research*, 91, 579-98(1986).

J. F. Engeln, D. A. Wiens, and S. Stein, Mechanisms and depths of Atlantic transform earthquakes, *Journal of Geophysical Research*, 91, 548-77(1986).

20  주향 이동 단층의 지진 활동도, 단층면해, 상대적인 수평 운동.

21  회전 타원체와 같은 부피를 가진 구의 비교.

22  인공위성으로 측정한 지오이드 기복.
포츠담 독일지구과학연구센터(GFZ) 크리스토프 푀르스테의 호의로 컬러 도판을 단색으로 변환. (<http://icgem.gfz-potsdam.de>).

23  해양 지각과 대륙 지각에 대한 가상의 부게르 중력이상의 변이.

24  빙하기 이후 페노스칸디아 융기의 현재 속도.
핀란드 지리공간연구소의 마르쿠 포우탄넨의 호의로, 북유럽측지학위원회 2006년 모형을 제공받음.

25  지구 표면 열류량이 지구 전체의 평균값보다 큰 지역.
다음 논문에서 얻은 자료를 바탕으로 함.
H. N. Pollack, S. J. Hurter, and J. R. Johnson, Heat flow from the Earth's interior: analysis of the global data set, *Reviews of Geophysics* 31, 267-80(1993).

26  해양 암권의 나이에 따른 지구 전체 열류량의 변이.
맥밀런 출판사의 허락으로 다음의 책에서 옮겨 실음.
*Nature*, C. A. Stein and S. Stein, A model for the global variation in oceanic depth and heat flow with lithospheric age, 359, 123-9, copyright(1992).

27  지구 내부의 깊이에 따른 단열 온도 기울기와 녹는점 온도의 변이.

28  맨틀의 단면을 단순화한 그림.

29  지구의 쌍극자 자기장의 모식도.

30  지구의 자기권.

다음의 책에서 그림 5.28을 수정함.

W. Lowrie, *Fundamentals of Geophysics*, 2nd edn(Cambridge University Press, 2007).

31  겉보기 극이동 경로와 대서양의 생성.

다음 책의 그림 5.67을 따름.

W. Lowrie, *Fundamentals of Geophysics*, 2nd edn(Cambridge University Press, 2007)

다음 논문의 그림 5.3을 바탕으로 함.

R. Van der Voo, Phanerozoic paleomagnetic poles from Europe and North America and comparisons with continental reconstructions, *Reviews of Geophysics* 28, 167-206(1990).

32  동태평양 해팽 단면의 해양 자기 이상.

다음 논문의 그림 3의 데이터를 사용해서 작성.

W. C. Pitman III and J. R. Heirtzler, Magnetic anomalies over the Pacific-Antarctic ridge, *Science* 154, 1164-71(1966).

미국과학진흥회(AAAS)와 A. 콕스의 허락을 받아 다음 논문에서 옮겨 실음.

Geomagnetic reversals, *Science* 163, 237-45(1969).

## 더 읽을거리

여기에 소개하는 대부분의 책은 입문 수준이며, 일반 독자들이
읽기에 적당하다. 지구과학의 일반적인 내용을 담은 이 책들은
지구에 관련된 더 큰 정보의 체계 속에서 지구물리학이라는 주
제들을 다룬다. 어떤 책들은 지구물리학의 특정 주제를 본서처
럼 압축된 책보다 더 자세히 다룬다. 그중 세 권은 교과서인데,
어쩌면 직업을 위해 지구과학을 계속 공부할 학생들에게는 그
책도 좋을 것이다. 유용한 참고 자료일 뿐 아니라 깊이 있는 지
식을 제공한다.

**지구과학 입문서**

G. C. Brown, C. J. Hawkesworth, and R. C. L. Wilson(eds)(1992), *Understanding the Earth,* Cambridge University Press, Cambridge, 551 pp.

F. Press, R. Siever, J. Grotzinger, and T. Jordan(2003), *Understanding Earth,* 4th edn, W. H. Freeman, San Francisco, 568 pp.

M. Redfern(2003), *The Earth: A Very Short Introduction,* Oxford University Press, Oxford, 141 pp.

## 지구물리학의 세부 분야

B. A. Bolt(2003), *Earthquakes,* 5th edn, W. H. Freeman and Co., New York, 320 pp.

R. F. Butler(1992), *Paleomagnetism: Magnetic Domains to Geologic Terranes*, Blackwell Scientific, Boston, 319 pp.

G. F. Davies(1999), *Dynamic Earth: Plates, Plumes and Mantle Convection,* Cambridge University Press, Cambridge, 470 pp.

P. Kearey, K. A. Klepeis, and F. J. Vine(2013), *Global Tectonics,* 3rd edn, John Wiley and Sons, New York, 496 pp.

P. Molnar(2015), *Plate Tectonics: A Very Short Introduction,* Oxford University Press, Oxford, 136 pp.

## 참고 또는 심화를 위한 지구물리학 교과서

C. M. R. Fowler(2004), *The Solid Earth: An Introduction to Global Geophysics,* 2nd edn, Cambridge University Press, Cambridge, 500 pp.

W. Lowrie(2007), *Fundamentals of Geophysics,* 2nd edn, Cambridge University Press, Cambridge, 381 pp.

A. E. Mussett and M. A. Khan(2000), *Looking into the Earth: An Introduction to Geological Geophysics,* Cambridge University Press, Cambridge, 492 pp.

# 찾아보기

GRACE 위성 계획    104, 108, 109
근일점(perihelion)    21~24, 29
금성    12, 17, 18, 157
기준 타원체(reference ellipsoid)    96, 99, 102~104, 108, 113~115, 117
길버트, 윌리엄(Gilbert, William)    8 , 145
깊이에 따른 변이    99

ㄱ

가상지자기극    162
가속도    37, 97~99, 101, 109, 111, 115, 116, 120
가우스, 카를 프리드리히(Gauss, Carl Friedrich)    147
각운동량(angular momentum) 13~16, 21, 22, 26, 112
간섭 무늬    106
간섭 합성 개구 레이더(InSAR)    105
갈릴레오 갈릴레이8,    174
갈릴레오 위치 결정 시스템    106, 107
감람암(peridotite)    58
겉보기 극이동    162, 181
경사(obliquity)    23, 24, 27~30, 79, 109, 175
고지자기(paleomagnetism)160, 161, 163, 166, 171, 176
곤드와나(Gondwana)    165
광물의 상변화(mineral phase changes) 58
구텐베르크, 베노(Gutenberg, Beno)    54
국제기준타원체    102
국제표준지자기장    147
궤도 강제(orbital forcing)    31
궤도 이심률(eccentricity of orbit)    20, 23, 29

ㄴ

나노테슬라(nanotesla)149, 155, 169, 170
남대서양 자기 이상    150
뉴마드리드 지진    81
뉴질랜드 알파인 단층    89
뉴턴, 아이작(Newton, Isaac) 8, 20, 22, 94, 95
느린 지진    91

ㄷ

다이너모 모형    144, 146, 157, 158, 166
단열 온도    135, 136, 180
단층면해(fault plane solutions)82, 84~86, 88, 89, 179
달 궤도의 세차    27
대류(convection)    55, 128, 130, 131, 137~143, 146, 152, 157, 166
대륙 이동    162, 163, 171
동위원소    31, 32, 127, 130, 143, 168
등퍼텐셜면(equipotential surface)    102, 103, 111
D″ 층(D″ layer)    57, 58, 136, 139~141, 166, 174

ㄹ

러브파(Love wave)    39, 40

레만, 잉게(Lehmann, Inge) 54

레일리 파동 39, 64, 65

리토프로브 프로젝트(Lithoprobe Project) 62

리히터, 찰스(Richter, Charles) 69

리히터 척도 69, 70

ㅁ

매슈스, 드러먼드(Matthews, Drummond) 169, 170

맥동(microseisms) 63

맨틀(mantle) 10, 11, 16, 48, 50, 52~58, 60~62, 64, 79, 85, 87, 101, 103, 105, 109, 118, 119, 124, 127, 128, 133~143, 150, 156, 157, 166, 174, 175, 180

메가스러스트(megathrust) 87

메르칼리, 주세페(Mercalli, Giuseppe) 72

메르칼리진도계급 72, 81

명왕성 17, 19

모호로비치치, 안드리야(Mohoroviçiç, Andrija) 56

모호면(Moho) 56, 57, 62, 118

목성 12, 16~18, 26, 158

몰리, 로런스(Morley, Lawrence) 170

미행성체(planetesimals) 15, 19

밀란코비치, 밀루틴(Milankovitch, Milutin) 30

밀란코비치 주기 28, 31, 32

ㅂ

바인, 프레더릭(Vine, Frederick) 169, 170

바인-매튜스-몰리(Vine-Matthews-Morley hypothesi) 170

밴앨런벨트(Van Allen radiation belts) 154, 155

범지구위치결정시스템(GPS) 10, 106~108, 112, 122, 123, 173

베니오프, 휴고(Benioff, Hugo) 79

변류 단층 88, 89

변환 단층 88~90, 163

보조면(auxiliary plane) 82~84

부피 탄성률(bulk modulus) 34, 37, 38, 50

분점(equinoxes) 21, 24, 27

분화(differentiation) 128

불변면(invariable plane) 16, 19

불의 고리 76

브라헤, 튀코(Brahe, Tycho) 20

비등방성(anisotropy) 55

비쌍극자 자기장(non-dipole magnetic field) 148, 150, 152, 158, 160

빅뱅 모형 14

빈닝 마인즈, 펠릭스 안드리스(Vening Meinesz, Felix Andries) 122

ㅅ

삼중 교차점 90

상대적 회전의 오일러 극 89, 163

섭입대(subduction zone) 60, 61, 79, 87~89, 139~141, 143, 179

세레스(Ceres) 79

세차(precession) 23, 27~30, 178

소행성대(asteroid belt) 16, 18

수마트라-아다만 지진 75, 76

순산 모형화(forward modelling) 52

슈퍼플룸(superplumes) 142, 174

SWARM 인공위성 계획 151, 156

스톡스, 조지(Stokes, George) 103

슬래브 당김 133

실체파(body wave)35, 39, 40, 41, 43, 48,
53, 70, 91, 178
쌍극자 자기장(dipole magnetic field) 149,
157, 180
쓰나미                          74~76, 175

ㅇ

암권(lithosphere)              56,~58, 62, 63,
79, 80, 84, 85, 87, 105, 108, 119,
122, 124, 130, 132, 139, 140,
143, 156, 179, 180
암석의 자기화(magnetization of rocks)158
앨버레즈, 루이스와 월터(Alvarez, Luis and
Walter)                      174
약권(asthenosphere) 57, 58, 87, 89, 134
S파    36~40, 43, 44, 48~56, 59, 60, 63,
76, 91, 100, 134, 178
SKiKS 지진파                      52
SKS 지진파                       49
역산(inversion)                   52
연화점(solidus)                134~136
열경계층                          139
열류량(heat flow)  8, 126, 127, 129~133,
139, 141, 180
열수 순환(hydrothermal circulation)   132
열점(hotspots)        141~143, 174~176
영년변화(secular variation)     147, 160
옐로스톤 열점(Yellowstone hotspot) 141,
142
오일러 극                    89, 163, 164
오일러, 레온하르트(Euler, Leonhard)   25
올덤, 리처드(Oldham, Richard)       54
와다티, 키유(Wadati, Kiyoo)       79
외트뵈스 가속도와 보정         115, 116

원시행성                         15, 16
원일점(aphelion)          21, 22, 24, 29
유럽 지오트래버스 프로젝트(European
Geotraverse Project)            63
음영대               49~51, 54, 178
응력-변형 관계                      34
이동시간잔차(travel-time residuals) 59, 60
이류(advection)               130, 131
일사량(insolation)               28~30
임계 굴절(critical refraction)        47

ㅈ

자기 극(magnetic pole)             45
자기 이상(magnetic anomalies) 150, 151,
169~171, 173, 181
자기층서학(magnetic stratigraphy)   168,
169
자기 폭풍(magnetic storms)         156
자기권(magnetosphere)  153, 154, 181
자기권덮개                       154
자기권계면                       154
자기장의 극성                 161, 166
자기지전류 탐사(magnetotelluric
sounding)                   156
자력계(magnetometer)   148, 149, 151,
169
자연 진동(natural oscillations) 41, 42, 53,
178
자철석(magnetite)              159, 160
장동(nutation)                  25, 27
적도 융기                        26, 27
적철석(hematite)                 159
전도도(conductivity)          129, 156
전리층(ionosphere)            154~156

점도　55, 109, 138
점탄성(viscoelasticity)123, 124, 138, 139
제프리스, 해럴드(Jeffreys, Harold)　54
조산대(orogenic belt)　62
GOCE 위성 계획　104, 109
조석(tides)　26, 110~112, 115, 126, 156
중력 이상(gravity anomaly)　109, 113,
　116~119, 180
중력계(gravimeter)　99, 100, 113~116
지각 구조　62, 63
지각평형(isostasy)　119~122
지구 자전축의 세차　23, 178
지구 중심부의 압력　101
지구중심축 쌍극자 가설　161
지열 플럭스(geothermal flux)　126
지오이드(geoid)102~105, 108, 110, 140,
　174, 177, 180
지오폰(geophone)　45~48
지온선(geotherm)　133, 134
지전류(telluric currents)　156
지점(solstices)　21, 24
지진 간극 이론　92
지진 속도-깊이 프로필　76
지진 임피던스(seismic impedance) 45, 46
지진 활동도　72, 76, 78, 79, 86, 89, 177,
　180
지진계10, 11, 35~37, 40, 45, 46, 63, 64,
　65
지진기록(seismogram) 11, 35, 39, 40, 46,
　50, 51, 52, 54, 63, 69, 82, 84, 90,
　178
지진기록기(seismograph) 35, 59, 64, 77,
　83
지진파 잡음　63~65

지표 진동　46
진앙(epicentre)39, 41, 49~52, 56, 71, 72,
　76~78, 82, 83, 89
진원(focus of earthquake)　39~43,
　54, 61, 68, 69, 75, 77, 82~88, 90,
　139, 140, 179

ㅊ
챈들러 요동(Chandler wobble)　24~26
챈들러, 세스(Chandler, Seth)　25
CHAMP 인공위성 계획　151, 156
첨정석(spinel)　58
초대륙(supercontinent)　165, 171
초장기선 간섭관측계　25, 26, 112, 173
측지학(geodesy)　9, 10, 26, 102, 103,
　105~108, 120, 122, 173
층밀림 변형　34, 37, 38
층밀림 파동 37~39, 59, 65, 91, 134, 142,
　175

ㅋ
케플러, 요하네스(Kepler, Johannes) 8, 20,
　22, 174
켈빈 온도 척도(Kelvin temperature scale)
　125
코리올리 가속도(Coriolis acceleration)115,
　116, 146, 157
코페르니쿠스　8 , 174

ㅌ
탄성 한계　34, 67, 68
태양　8, 13~24, 27~29, 65, 94, 95,
　110, 111, 126, 127, 144, 150,
　152~155, 157, 173~175

태양 복사       126, 127
태양풍       153~155
토모그래피(tomography) 59~61, 64, 140,
    142, 179
토성       12, 17, 18, 158

화성암     158, 159, 162, 167, 168
활모양 충격파     153, 154, 157
황도(ecliptic)     19, 23, 27~29
회절(diffraction)   43, 48, 49, 51, 63, 136
회티탄석(perovskite)     58

ㅍ
파쇄대(fracture zones)     88, 89
판 경계     10, 81, 85, 90, 131, 141
판 내부 지진     81
판게아(Pangea)     165, 168
판구조론   9, 60, 88, 89, 163, 169, 174
퍼텐셜(potential)     21, 22, 102, 103
페노스칸디아 융기(Fennoscandian uplift)
    121, 123, 124, 177, 180
포스트페로브스카이트(post-perovskite)58
표면파36, 39~41, 46, 48, 60, 64, 65, 69,
    70, 91
플룸(plumes)     139~142, 174, 175
P파   36~40, 43~45, 47, 49~54, 56, 59,
    60, 61, 63, 70, 76, 77, 82, 83, 91,
    100, 134, 179

ㅎ
하와이 열점     141
해왕성     17~19, 158
핵-맨틀 경계52, 54, 55, 57, 58, 101, 139,
    140, 150, 174
핵실험 금지 조약 감시     10
행성 궤도     16, 17, 19~23
행성 운동 법칙     19, 20, 22
행성간 자기장     153
현무암   117, 141, 143, 159, 160, 170
화성     12, 15~18, 153, 157